MILITARY UNIFORMS OF WORLD WAR II

【圖解】第二次世界大戰

各國軍裝

■作畫 上田信
■解說 沼田和人

楓書坊

各國士兵的軍裝

歐美等國家經常舉辦軍事重演活動，由軍事迷們熱切展示二戰的軍品，重現戰鬥場景。重演活動會用上當時的真品或精巧複製品，參加者的軍服與裝備也相當考究，是了解各國軍裝的好機會。

■攝影：沼田和人、本島治

↑美國陸軍的步兵與傘兵部隊士兵（中央）。步兵穿的褲子為羊毛材質軍常服長褲，這款褲子不只用於軍常服，也兼用於野戰服。
（War & Peace）

←美國陸軍傘兵部隊士兵。制服為M1942傘兵夾克與長褲。附毛氈肩墊的裝備吊帶左右兩側掛著Mk.II手榴彈。
（War & Peace）

→美國陸軍第 82 空降師的醫務兵。左腕別著識別用的紅十字臂章，套著紅十字標記的背包是用來裝衛生器材的醫療包。
（War & Peace）

←扛著 M1A1 火箭筒的士兵，身穿 M1943 野戰夾克。這款火箭筒又稱巴祖卡，是 2.36 吋（60mm）口徑的反裝甲武器，首款型號於 1942 年採用，改良型的 M1A1 於 1943 年 7 月開始配備。
（War & Peace）

↑立射M1919A4機槍的美國陸軍士兵。M1941野戰夾克袖子上的隊徽為第26步兵師，階級章為上等兵。（War & Peace）

→身穿M1943HBT夾克與長褲的美國陸軍士兵（左側與中央）手持M3衝鋒槍（黃油槍），右側士兵則持用M1A1衝鋒槍（湯普森衝鋒槍）。（War & Peace）

↓身穿M1943野戰夾克的美國陸軍傘兵部隊士兵。傘兵部隊會使用加上大容量口袋的M1943長褲。黑色靴子是套在軍靴外層的橡膠材質防水靴，稱為「套靴」。

↓一邊以M2A1噴火器（點火系統經過改造）噴出火焰，一邊突擊前進的陸戰隊員。左側士兵裝在M1938彈藥腰帶上的水壺套，是陸戰隊獨有的交叉扣合式。右側士兵使用M1938彈藥腰帶搭配陸戰隊專用的M1941裝備吊帶。刀具為Mk.2戰鬥刀。

↑陸戰隊會使用異於陸軍的專用M1941HBT夾克與長褲。盔布迷彩花紋稱為「獵鴨迷彩」，為綠色與茶色系的兩面布料。

↑身穿Ｍ３６野戰服的德國陸軍機槍手。肩膀上垂掛的是 7.92×57mm子彈彈鏈，胸前的袋子裡裝有糜爛性毒氣防護斗篷。腰帶掛有魯格Ｐ08用槍套（右）與ＭＧ34／ＭＧ42機槍用工具包。（War & Peace）

↑身穿防寒連帽風衣上下裝的德國陸軍軍官。右側人物的腰帶上掛有 MP38／MP40衝鋒槍彈匣袋，左側人物則掛著地圖袋。

↑德國陸軍的戰鬥裝備。上起為背包與Ｍ38便帽、機槍用彈鏈、口糧罐頭、乾電池、MP40衝鋒槍、雙筒望遠鏡與收納盒、華瑟Ｐ38用槍套、華瑟Ｐ38、MP38／MP40用彈匣袋、步槍保養工具與收納盒、鏟子與刺刀、彈藥盒、Kar98k步槍、附裝填用彈夾的7.92×57mm子彈、Ｍ24帶柄手榴彈（左右）。（War & Peace）

身穿羊毛材質連身大衣搭配個人野戰裝備的德國陸軍士兵。裝備自上而下依序為防毒面具收納筒、帳幕雨衣、掛在雜物袋上的水壺與飯盒。

↑身穿HBT工作服的德國武裝親衛隊士兵。HBT布料的服裝原本是用於訓練與作業，不過也會當成夏季野戰服使用。衣領與袖子的階級章為上等兵。（War & Peace）

春達普KS750側掛車與摩托車兵。左側摩托車兵穿著橡膠防水布料摩托車外套。

↑德國武裝親衛隊第1裝甲師的裝甲兵。右側裝甲兵的階級為中士，頭戴士官軍帽；左側裝甲兵的階級為上等豁免兵。（War & Peace）

↓操作MG42機槍的武裝親衛隊士兵。鋼盔套上迷彩盔布，野戰服外穿有迷彩罩衫。機槍旁邊放著備用槍管的金屬容器，在槍管過熱時可進行更換，另外還有裝在攜行袋裡的彈藥箱。（War & Peace）

↓德國空軍空降獵兵。傘兵罩衫由左至右分別為綠色布料、水紋迷彩、破片迷彩。袖子上的階級章為中尉（右）與中士（中央）。（War & Peace）

→身穿熱帶制服的空軍士兵。卡其棉布制服用於北非與南義大利等處。（War & Peace）

↓持用李恩菲爾德No.4 Mk. I步槍的英國第51師密德瑟斯團士兵。左側士兵的鋼盔套著利用沙包袋的麻布製成的防反射盔布，右側士兵的鋼盔偽裝網則夾著急救包（有墊繃帶）。（War & Peace）

↑維克斯重機槍陣地與英國陸軍士兵。盆形 Mk.II 鋼盔上的偽裝網繫著染色的麻布條。士兵的裝備包括 P37 野戰裝備的吊帶、腰帶、子彈袋，右側子彈袋旁邊為 Mk.II 輕型防毒面具攜行袋。（War & Peace）

↑英國第 51 師第 154 步兵旅第 7 營的官兵。男性隊員的制服為二戰時期最具代表性的 P37 戰鬥服與戰鬥褲。帽子是蘇格蘭的傳統圓扁帽「Tam o' shanter」。女性隊員的制服為 ATS（Auxiliary Territorial Service，本土輔助部隊）制服與軍帽。

↓正在放列6磅戰防砲的英國傘兵。深紅色的扁帽是傘兵部隊的兵科色。左側隊員腰帶上掛著P37裝備的槍套與突擊刀的刀鞘（沒放刀子）。
（War & Peace）

↑搭乘用載具（布倫機槍運輸車）的英國第1空降師隊員。制服為用於北非、義大利、印度等熱帶地區的棉料熱帶制服。

←英國空軍飛行員與女性隊員。飛行員身穿No.1軍常服。頭戴軍帽的女性隊員制服為軍常服上衣搭配卡其布熱帶長褲，頭戴扁帽的隊員則穿軍常服上衣搭配藍色工作褲。（War & Peace）

↓後方蘇聯陸軍士兵身穿可見於德蘇戰緒戰時的1934年式Gymnastyorka軍服，頭戴M1935鋼盔。面朝後方的士兵則穿樹葉花紋迷彩連身服。裝備自右起為防毒面具袋、水壺、地圖袋。（War & Peace）

↑身穿立領型Gymnastyorka軍服，頭戴便帽的蘇聯女性士兵。褲子質料為一種稱作Telogreika的防寒夾層棉布，另有以同款質料製成的上衣。（War & Peace）

↑蘇聯陸軍的1943年式制服，Gymnastyorka從翻領改為立領，階級章也隨之改成肩章型。雖然從照片中比較難看出，但肩上掛的是PPSh-41衝鋒槍。（War & Peace）

↑蘇軍雖有在1941年制定出女性制服，但由於德蘇開打，因此女性士兵會與男性士兵穿上同型制服。照片中的女性身穿立領型Gymnastyorka，右手肘下方為掛在腰帶上的水壺。（War & Peace）

↓於T-34-85戰車旁以帳幕雨衣搭成帳幕的野營情景。蘇聯士兵旁邊擺著M1940鋼盔、餐具、莫辛-納干M1891／30步槍等裝備。（War & Peace）

↑ 身穿立領型 Gymnastyorka 的蘇聯兵。德蘇開戰時，步兵基本上都是打綁腿配軍靴。後方士兵頭戴 M 1940 鋼盔，腳上穿著長靴。(War & Peace)

↑ 身穿立領型 Gymnastyorka，頭戴便帽的蘇聯士兵。這款便帽稱為 Pilotoka。士官兵用的長靴自 1943 年以後開始普及。

↑身穿熱帶地區用防暑衣（昭和13年制定型）的日本陸軍步兵。戰鬥帽上戴著套有盔布及偽裝網的九○式鋼盔。皮腰帶上裝著步槍彈用彈藥盒，左手肘下方為「被甲囊」（防毒面具攜型袋）。右手臂下方則可看見雜物袋。

←頭戴昭和13年（1938年）制定的戰鬥帽，身穿九八式軍衣褲的陸軍步兵。皮帶上掛著三十年式刺刀。「卷腳絆」（綁腿）的綁法為前方交叉的「戰鬥卷」。步槍為上刺刀的九九式步槍。

←身穿M1938連身大衣，搭配野戰裝備的法國陸軍步兵。外套領子上有所屬團號。鋼盔為改良自第一次世界大戰時期M1915的M1936鋼盔。右肩背的卡其色背包裝有ANP31防毒面具。
（War & Peace）

→士兵用野戰裝備的吊帶、腰帶、彈藥盒為皮革製品，設計獨特的水壺以毛氈包覆。
（War & Peace）

CONTENTS

■ 二次大戰的爆發

1939年9月1日，德軍開始入侵波蘭。對此，英法政府基於與波蘭簽訂的相互援助條約，對德國宣戰，開啟第二次世界大戰。波蘭不僅遭受德軍攻擊，與德國簽有德蘇互不侵犯條約的蘇聯也從東部展開進攻（9月17日），在東西兩方夾擊之下，波蘭於9月27日投降。英法政府在此期間並未對波蘭派遣軍隊，僅隔著德國邊境與之對峙，持續維持「假戰」狀態。

1940年4月，德軍進攻丹麥與挪威。同年5月占領荷蘭、比利時，並開始進攻法國。6月22日，法國宣布投降，使整個歐洲西部都被德軍占領。

■ 巴爾幹半島～入侵蘇聯

德軍接下來的計畫是登陸英國，於1940年7月開始空襲英國本土，作為其前哨戰。這場稱為「不列顛戰役」的航空作戰，在英國空軍奮勇抵抗下，使德國空軍無法掌握制空權，因而停止英國登陸作戰。

之後，為了支援義大利軍，德軍於1941年2月14日對北非戰線派兵，4月則進攻巴爾幹半島，並占領了希臘。6月22日，德軍發動入侵蘇聯的「巴巴羅薩作戰」，開啟了德蘇戰。

■ 太平洋戰爭開戰

至於亞洲及遠東方面的情勢，日本在法國投降之後，為了切斷對中國的補給線，於1940年9月23日派兵進駐法屬印度支那（北部法印進駐）。27日，日、德、義締結三國同盟。

美日兩國間的外交關係原本就因中日戰爭與滿州問題陷入惡化，日軍進駐北部法印與三國同盟締結之後，雙方關係又進一步惡化。日本政府在與美國交涉的同時，也決定對美英開戰，於12月8日發動軍事作戰攻擊珍珠港並登陸馬來半島，開啟太平洋

戰爭。

之後，日軍陸續進攻香港、新加坡、菲律賓、印尼、緬甸，在1942年3月之前不斷擴大占領地區。

■ 盟軍的反攻

連戰連勝的日軍，於1942年6月的中途島海戰以及瓜達康納爾島戰役（1942年8月～1943年2月）吃了敗仗。美軍的這兩場勝利，對之後的太平洋戰線戰局扭轉有著相當大的影響。

至於歐洲，在太平洋戰爭開打3天前，德軍在即將攻入莫斯科時遭遇

頓挫，使蘇軍開始在東部戰線展開反擊。

1942年11月，盟軍登陸北非，德軍第6軍團在東部戰線的史達林格勒遭到蘇軍包圍。

對於盟軍的反攻，德軍雖然於各戰線發動攻勢，但僅取得部分勝利。在義大利戰線，盟軍於1943年7月登陸西西里島，開始登上義大利本土。義大利投降（9月）之後，蘇軍也於東部戰線展開大規模反攻作戰，德軍只能不斷抵擋並後退。

■ 1944～1945年

盟軍於1944年6月6日實施諾曼第登陸作戰，激戰過後，於8月解放巴黎，且在年底之前陸續解放法國、比利時以及荷蘭的一部分。

在太平洋戰線也有發動大規模登陸作戰，美軍於6月15日登陸馬里亞納群島的塞班島等處（於7月攻陷）。美軍占領該島後，開始修建機場，讓B-29轟炸機得以正式對日本本土展開空襲。

■ 邁向戰爭結束

蘇軍的攻擊迫使德軍持續後退，且蘇軍不僅規復自國領土，還在1945年2月之前陸續解放匈牙利、保加利亞、南斯拉夫、波蘭等國，有些部隊甚至攻進德國領土。

西部戰線的盟軍也在3月渡過萊茵河進入德國領土，一邊占領西部與南部，一邊朝向柏林進擊。

進攻柏林由蘇軍擔綱，於4月16日展開攻擊。蘇軍在27日前包圍柏林，雖然德軍仍以城鎮戰持續頑抗，但在4月30日希特勒自殺後，柏林終告淪陷。5月8日，德國投降，歐洲戰役宣告結束。

至於太平洋戰線，美軍歷經菲律賓登陸（1944年10月～1945年8月）、硫磺島戰役（2～3月）、沖繩戰役（4～6月），持續與日軍激戰，而日軍則以持久戰與特攻作戰頑強抵抗。然而，美軍卻於3月開始對日本本土展開無差別轟炸，並在廣島、長崎（8月6日、同月9日）投下原子彈，且蘇聯也對日宣戰（8月9日），因此日本政府於8月14日決定接受同盟國的波茨坦宣言。停戰後的9月2日，日本簽下投降書，結束第二次世界大戰。

第二次世界大戰的經緯

同盟國的參戰國家

1939年9月1日，由於德國入侵波蘭，因此英國與法國對德國宣戰。開戰時，美國基於1935年成立的中立法，並未加入戰局，僅維持中立立場。然而，由於二次大戰爆發，且日本在遠東方面的威脅也日益升高，因此美國接受英國請求，修改中立法，並對英、蘇、中實施武器租借等支援。1941年12月8日，日軍攻擊珍珠港，美國正式參戰，並站上盟軍的領導地位。

◉ 二次大戰爆發與美國支援

　1939年9月1日，德軍進攻波蘭，引發第二次世界大戰。翌年6月之前，挪威、丹麥、荷蘭、比利時、法國陸續敗給德國，成為德國的占領區。

　二次大戰之前，美國對歐洲情勢一直保持中立立場。英國在德軍入侵波蘭後，認為有必要借助美國的戰力與工業生產力，要求美國參戰。然而，美國不僅有中立法，且國內輿論大多數也反對參與歐洲的戰爭。

　有鑑於此，美國總統富蘭克林·羅斯福便決定不直接介入，而是提供物資支援。首先，美國於1939年修改中立法（廢除不得提供交戰國武器的條文），在法國投降後的1940年9月，美國對英國與加拿大提供50艘第一次世界大戰時期的舊型驅逐艦，英國則准許美國使用該國部分軍事基地，締結「驅逐艦換基地協議」。

　1941年3月11日，「租借法案」成立，美國正式對英國及大英國協提供援助（之後也適用於中國及德蘇開戰後的蘇聯）。租借法案是以無償、有償、轉讓、租借、租賃等方法，由美國提供軍需物資與民生必需品。美國援助的軍需物資包括飛機（戰鬥機、運輸機、轟炸機）、車輛（戰車、裝甲車、卡車）、船舶（護衛艦艇、登陸用舟艇、運輸船），以及糧食、衣物等，一直提供到戰爭結束。

◉ 大西洋憲章的簽署

　美國開始提供支援經過5個月後的8月9日，羅斯福總統與英國首相溫斯頓·邱吉爾，在停泊於加拿大紐芬蘭島普拉森舍灣的英國戰艦威爾斯親王號及美國重巡洋艦奧古斯塔號艦上舉行大西洋會談，並簽署大西洋憲章。其內容包括不擴張領土、確保和平、在確立安全保障系統之前解除侵略國武裝等8個項目，呼籲各國協助在戰後維持世界和平、安全保障、經濟穩定等。這份大西洋憲章呈現國際協調的基本構想，促成之後成立聯合國。

　1941年9月24日，法國、比利時、捷克斯洛伐克、希臘、盧森堡、荷蘭、挪威、波蘭、南斯拉夫等國的流亡政府與蘇聯政府表明支持大西洋憲章，並都加入同盟國。

◉ 聯合國共同宣言

　1941年12月8日，日本與美英開戰，戰火從歐洲擴大至太平洋及亞洲地區。德國也於該月12日向美國宣戰，使美國在歐洲與太平洋兩個戰區都正式參戰。

　美國參戰後的12月22日，美英兩國首腦舉行關於今後兩國之間戰爭遂行的高峰會（阿卡迪亞會議）。在這場會談中提出的聲明，包括：協同對日本、德國、義大利遂行戰爭；全力投入物資、人力資源從事作戰；不單獨講和與停戰等。包含美英在內，共有26個參與國署名，並於1942年1月1日發表共同宣言，成立聯合國。

　當時簽署宣言的國家有美國、英國、蘇聯、中華民國這四個主要國，以及加拿大、哥斯大黎加、古巴、多明尼加、薩爾瓦多、瓜地馬拉、海地、宏都拉斯、尼加拉瓜、巴拿馬、印度、澳大利亞、紐西蘭，南非，以及遭德國占領的比利時、盧森堡、荷蘭、挪威、波蘭、捷克斯洛伐克、南斯拉夫、希臘各國的流亡政府。

　到了1942年則加入墨西哥、菲律賓（流亡政府）、衣索比亞，1943年加入哥倫比亞、巴西、玻利維亞、伊拉克、伊朗，1944年加入賴比瑞亞、法國，1945年加入秘魯、智利、巴拉圭、委內瑞拉、烏拉圭、厄瓜多、土耳其、埃及、沙烏地阿拉伯、黎巴嫩、敘利亞，總計有48個國家加盟。

　這些國家與流亡政府結成同盟，其軍隊稱為盟軍，或稱同盟國軍。

◉ 成立聯合參謀本部

　發表聯合國共同宣言的翌月，美軍與英軍於1942年2月成立聯合參謀本部，由英軍參謀本部與美軍聯合參謀本部組而成，位於美國的華盛頓哥倫比亞特區，統整盟軍的陸海空軍，對歐洲、非洲、太平洋、亞洲等地區的軍事作戰進行調整、執掌指揮，運籌帷幄第二次世界大戰。

美軍

二次大戰的美軍於歐洲、北非、義大利、太平洋各戰線從事作戰，有鑑於此，發給官兵的軍裝會依戰地環境與任務而有不同樣式種類。陸戰隊也會使用與陸軍不同的獨有軍裝，在太平洋戰線作戰。戰爭期間，陸軍和陸戰隊皆有採用包括傘兵服、迷彩服、野戰夾克等新式的野戰制服。

陸軍步兵

於1941年底開始參與二次大戰的美國陸軍，其步兵個人裝備與各國一樣，基本上都是一戰以前或二戰爆發前的戰間期所採用的款式，軍常服與野戰服兼用。戰爭後半期，雖然也有出現設計與功能更適用於野戰的新型被服及個人裝備，但舊型軍裝仍在最前線使用到戰爭結束。

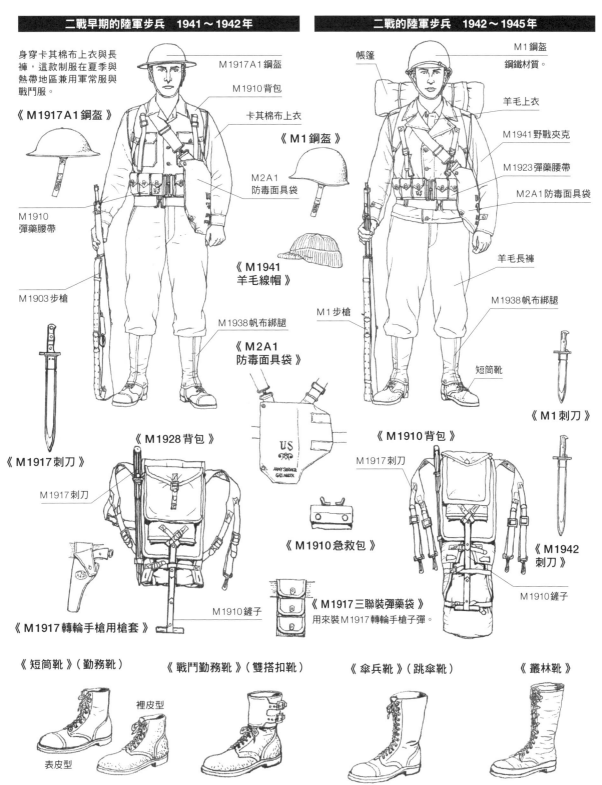

二戰早期的陸軍步兵　1941～1942年

身穿卡其棉布上衣與長褲，這款制服在夏季與熱帶地區兼用軍常服與戰鬥服。

M1917A1鋼盔
M1910背包
卡其棉布上衣
《M1917A1鋼盔》
M2A1防毒面具袋
M1910彈藥腰帶
M1903步槍
M1938帆布綁腿
《M2A1防毒面具袋》
《M1917刺刀》
M1917刺刀
《M1928背包》
M1910鏟子
《M1917轉輪手槍用槍套》

二戰的陸軍步兵　1942～1945年

帳篷
M1鋼盔　鋼鐵材質。
羊毛上衣
M1941野戰夾克
M1923彈藥腰帶
M2A1防毒面具袋
《M1鋼盔》
《M1941羊毛線帽》
M1步槍
羊毛長褲
M1938帆布綁腿
短筒靴
《M1刺刀》
《M1910背包》
M1917刺刀
《M1942刺刀》
M1910鏟子
《M1910急救包》
《M1917三聯裝彈藥袋》　用來裝M1917轉輪手槍子彈。
M1910鏟子

《短筒靴》（勤務靴）　裡皮型　表皮型
《戰鬥勤務靴》（雙搭扣靴）
《傘兵靴》（跳傘靴）
《叢林靴》

21

《衝鋒槍用彈匣袋》

20發用

30發用

50發彈鼓用

M1卡賓槍用彈匣袋

M1鋼盔
套上偽裝網。

M1943裝備吊帶

M1943野戰夾克
與長褲

M1936手槍腰帶

M1卡賓槍

槍托套著M1卡賓槍
用彈匣袋。

《信號槍套》

《M1彈帶》
M1步槍用備用彈帶。

《M1938 BAR彈匣腰帶》

《M1944／45戰鬥背包》

毛毯

刺刀

M1943鏟子

M1944／45背包

《M1911A1用
M1916槍套》

《水壺》

M1910型　M1941型

《備用彈藥袋》

《手榴彈袋》

《輕型防毒面具袋》

《M1911A1用彈匣袋》

M1912型　M1918型　M1923型

《M1卡賓槍用彈匣袋》

15發彈匣用

彈藥袋
除了用來放彈匣，還
能收納M1步槍用8
發漏夾。

《M1936野戰背包》

《靴套》
穿在靴子外層
的橡膠材質防
水靴。

《防寒靴》
以皮革與橡膠
製成。

《急救包》

供美軍使用的
英國製品

M1942型

《槍榴彈腰包》

《指北針袋》

美國遠東陸軍

為指揮遠東方面的同盟國部隊，於1941年7月26日設置美國遠東陸軍，司令部位於菲律賓的馬尼拉，司令官為回役少將道格拉斯·麥克阿瑟。駐菲律賓美國陸軍官兵的軍裝，幾乎都是第一次世界大戰型，顯示美國尚未完成戰爭準備。瓜達康納爾戰以後的太平洋戰線，會開始換用較易穿著且適用叢林戰的HBT工作服當作野戰服。

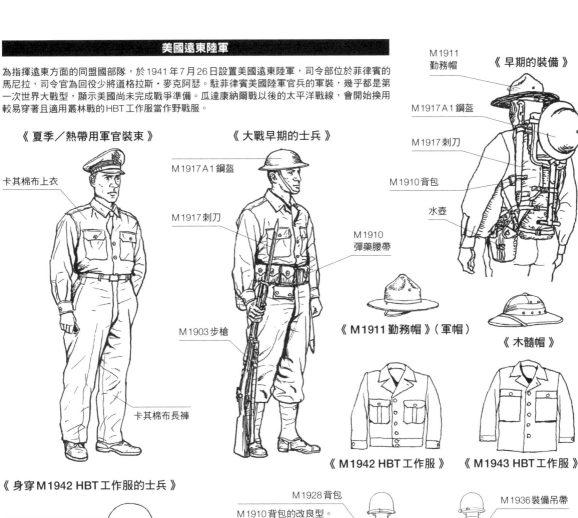

《夏季／熱帶用軍官裝束》

卡其棉布上衣

卡其棉布長褲

《大戰早期的士兵》

M1917A1鋼盔

M1917刺刀

M1910彈藥腰帶

M1903步槍

M1911勤務帽

M1917A1鋼盔

M1917刺刀

M1910背包

水壺

《早期的裝備》

《M1911勤務帽》（軍帽）

《木髓帽》

《M1942 HBT工作服》

《M1943 HBT工作服》

《身穿M1942 HBT工作服的士兵》

M1鋼盔於1941年採用，從1942年開始替換M1917A1。

Mk.2手榴彈

M1步槍

M1942 HBT工作服上衣
HBT工作服也有連身型。

M1910鏟子

M1928背包
M1910背包的改良型。

M1936裝備吊帶

M1941水壺

M1943鏟子

《身穿M1943 HBT工作服的士兵》

M1943 HBT工作服上衣

M1938 BAR彈匣腰帶

M1923彈藥腰帶

M1942 HBT工作服長褲

M1943 HBT工作服長褲
有大容量口袋。

BAR M1918A2

《陸軍裝甲兵》

身穿連身型M1943HBT工作服。

M1911A1用
M3胸掛槍套

戰車頭盔

M1941 野戰夾克

M1941 野戰夾克於 1938 年開始研製，是款之前不存在於美國陸軍制服系統的野戰服。它的設計是以當時的民用防風夾克為藍本，於 1940 年推出試製型（M1938），以師為單位實施使用測試。經改良後，於 1941 年採用。

夾克背部左右兩側有打摺，以利手臂活動。

有扣住立領用的固定條。

M1941 野戰夾克是一款新型戰鬥服，且一直使用到戰爭結束，可說是二次大戰美軍士兵最具象徵性的戰鬥服。

左右袖子有 P 與 W 字樣的 M1941 野戰夾克，為戰俘用品。換用 M1943 野戰夾克後，這款舊型便發給戰俘使用。

為了防風，領子設計成可以閉合。

面料採用棉綢布，內裡則為輕羊毛料。

前開襟以拉鍊與鈕扣閉合。

背後的衣襬有調整帶與鈕扣。

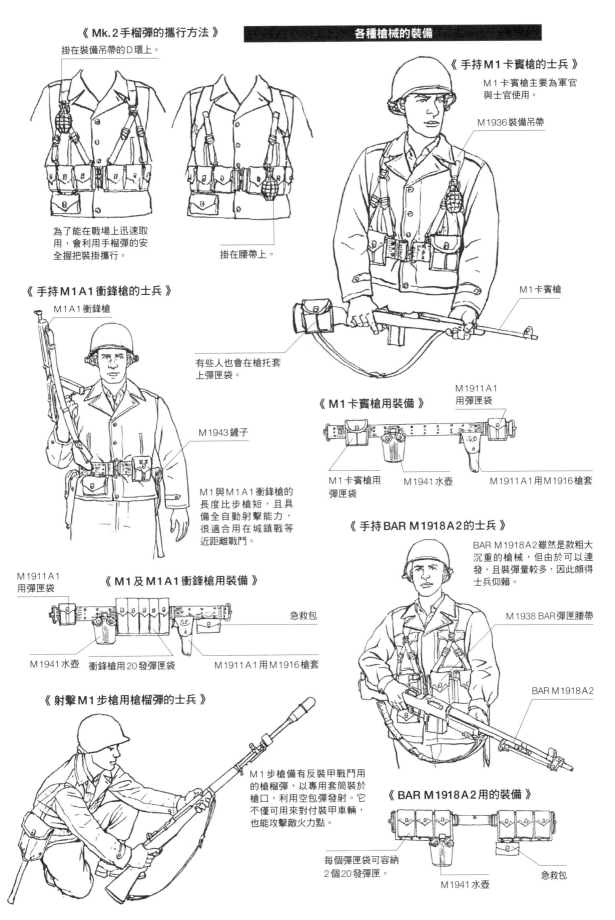

《 Mk.2手榴彈的攜行方法 》

掛在裝備吊帶的D環上。

為了能在戰場上迅速取用，會利用手榴彈的安全握把裝掛攜行。

掛在腰帶上。

《 手持M1卡賓槍的士兵 》

M1卡賓槍主要為軍官與士官使用。

M1936裝備吊帶

M1卡賓槍

《 手持M1A1衝鋒槍的士兵 》

M1A1衝鋒槍

有些人也會在槍托套上彈匣袋。

M1943鏟子

M1與M1A1衝鋒槍的長度比步槍短，且具備全自動射擊能力，很適合用在城鎮戰等近距離戰鬥。

《 M1卡賓槍用裝備 》

M1911A1用彈匣袋

M1卡賓槍用彈匣袋

M1941水壺

M1911A1用M1916槍套

《 手持BAR M1918A2的士兵 》

BAR M1918A2雖然是款粗大沉重的槍械，但由於可以連發，且裝彈量較多，因此頗得士兵仰賴。

M1938 BAR彈匣腰帶

BAR M1918A2

M1911A1用彈匣袋

《 M1及M1A1衝鋒槍用裝備 》

急救包

M1941水壺

衝鋒槍用20發彈匣袋

M1911A1用M1916槍套

《 射擊M1步槍用槍榴彈的士兵 》

M1步槍備有反裝甲戰鬥用的槍榴彈，以專用套筒裝於槍口，利用空包彈發射。它不僅可用來對付裝甲車輛，也能攻擊敵火力點。

《 BAR M1918A2用的裝備 》

每個彈匣袋可容納2個20發彈匣。

M1941水壺

急救包

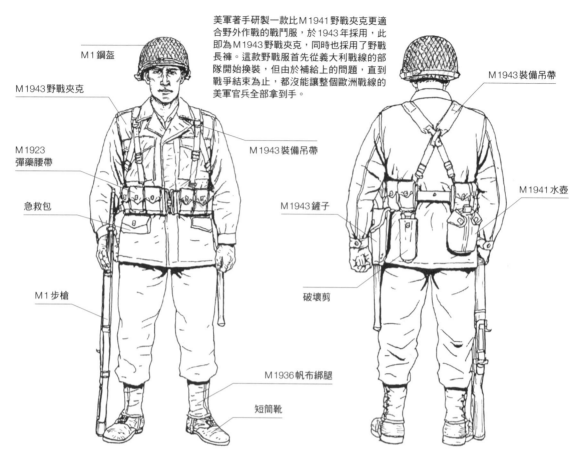

美軍著手研製一款比 M1941 野戰夾克更適合野外作戰的戰鬥服，於 1943 年採用，此即為 M1943 野戰夾克，同時也採用了野戰長褲。這款野戰服首先從義大利戰線的部隊開始換裝，但由於補給上的問題，直到戰爭結束為止，都沒能讓整個歐洲戰線的美軍官兵全部拿到手。

M1 鋼盔

M1943 野戰夾克

M1923
彈藥腰帶

急救包

M1 步槍

M1943 裝備吊帶

M1936 帆布綁腿

短筒靴

M1943 裝備吊帶

M1943 鏟子

M1941 水壺

破壞剪

《 個人戰鬥裝備 》

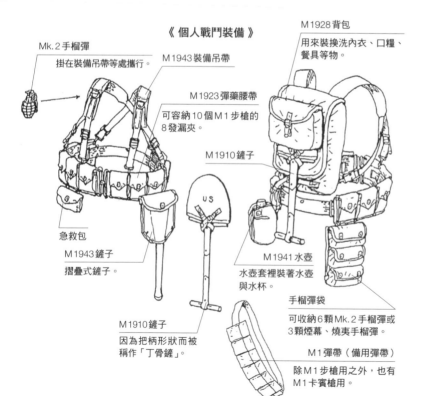

Mk.2 手榴彈
掛在裝備吊帶等處攜行。

M1943 裝備吊帶

M1923 彈藥腰帶
可容納 10 個 M1 步槍的 8 發漏夾。

急救包

M1943 鏟子
摺疊式鏟子。

M1910 鏟子
因為把柄形狀而被稱作「丁骨鏟」。

M1928 背包
用來裝換洗內衣、口糧、餐具等物。

M1910 鏟子

M1941 水壺
水壺套裡裝著水壺與水杯。

手榴彈袋
可收納 6 顆 Mk.2 手榴彈或 3 顆煙幕、燒夷手榴彈。

M1 彈帶（備用彈帶）
除 M1 步槍用之外，也有 M1 卡賓槍用。

《 M1 鋼盔 》

鋼鐵材質，分成內盔與外盔兩層構造。表面經過噴砂處裡，以防止光線反射。

套上偽裝網。

《 M1943 野戰夾克 》

與 M41 野戰夾克相比，設計上更適合用於戰鬥。

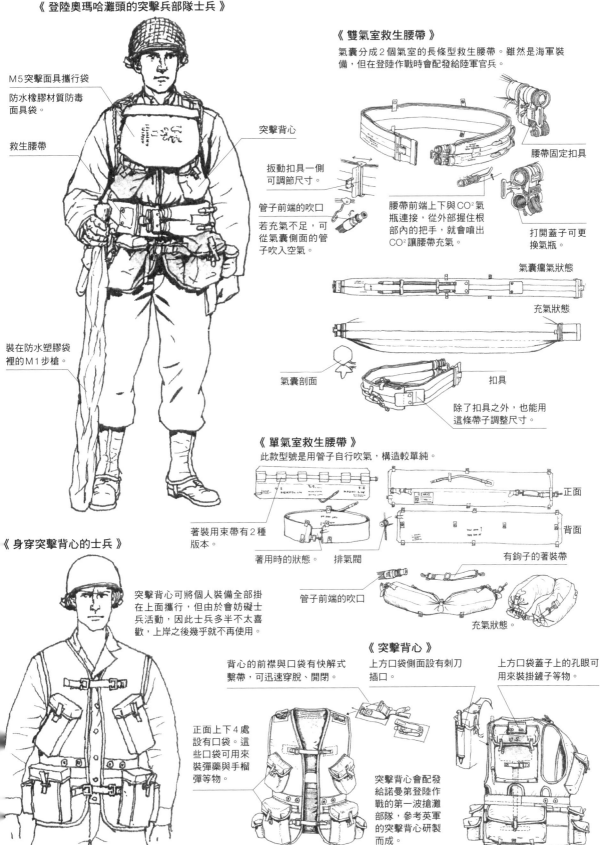

《登陸奧瑪哈灘頭的突擊兵部隊士兵》

M5突擊面具攜行袋
防水橡膠材質防毒面具袋。

救生腰帶

突擊背心

裝在防水塑膠袋裡的M1步槍。

《雙氣室救生腰帶》

氣囊分成2個氣室的長條型救生腰帶。雖然是海軍裝備，但在登陸作戰時會配發給陸軍官兵。

扳動扣具一側可調節尺寸。

管子前端的吹口
若充氣不足，可從氣囊側面的管子吹入空氣。

腰帶固定扣具

打開蓋子可更換氣瓶。

腰帶前端上下與CO$_2$氣瓶連接，從外部握住根部內的把手，就會噴出CO$_2$讓腰帶充氣。

氣囊癟氣狀態

充氣狀態

氣囊剖面

扣具

除了扣具之外，也能用這條帶子調整尺寸。

《單氣室救生腰帶》

此款型號是用管子自行吹氣，構造較單純。

正面

背面

著裝用束帶有2種版本。

著用時的狀態

排氣閥

有鉤子的著裝帶

《身穿突擊背心的士兵》

突擊背心可將個人裝備全部掛在上面攜行，但由於會妨礙士兵活動，因此士兵多半不太喜歡，上岸之後幾乎就不再使用。

管子前端的吹口

充氣狀態

《突擊背心》

背心的前襟與口袋有快解式繫帶，可迅速穿脫、開閉。

上方口袋側面設有刺刀插口。

上方口袋蓋子上的孔眼可用來裝掛鏟子等物。

正面上下4處設有口袋。這些口袋可用來裝彈藥與手榴彈等物。

突擊背心會配發給諾曼第登陸作戰的第一波搶灘部隊，參考英軍的突擊背心研製而成。

《 身穿連身大衣的士兵 》

冬季會依序穿上冬用內衣、羊毛上衣、毛衣、野戰夾克,最外層則是連身大衣。

羊毛圍巾

M1943裝備吊帶

手套

M1923彈藥腰帶

急救包

M1步槍

套靴

兵/士官用M1942連身大衣

《 身穿M1943野戰夾克的士兵 》

M1943野戰夾克是一套系統化戰鬥服,有專用防寒內襯,但因補給等問題,最前線的官兵幾乎都沒領到內襯。

套上偽裝網的M1鋼盔

羊毛圍巾

M1943裝備吊帶

防寒手套

M1A1衝鋒槍

防寒風帽

M1943野戰夾克

輕型防毒面具袋

《 M1941毛線帽 》

又稱「吉普帽」,頗受士兵喜愛。

《 身穿雪地迷彩服的士兵 》

雪地迷彩服是山岳部隊用的裝備,步兵部隊幾乎不會使用。

使用山岳用或滑雪用的兩面式有帽風衣。

M1943裝備吊帶

M1923彈藥腰帶

步槍也會捲上白布偽裝。

雪地用的正規防寒靴,要到1945年之後才配發。

M1943野戰夾克也能裝上可拆式風帽,風帽利用領子與肩袢上的鈕扣固定。

士兵多半會將輕型防毒面具袋當作雜物袋使用。

M1941水壺

衝鋒槍用彈匣袋

M1943鏟子

《 身穿野戰用厚羊毛外套的士兵 》

《 身穿雨衣的士兵 》

《 利用床單做成的冬季裝備 》

在前線會以床單製作盔布,或當成斗篷使用。1944年底開打的阿登戰役,美軍士兵會利用白色床單、窗簾、桌布製作偽裝。

裝甲兵

美軍會配發裝甲兵夾克與裝甲兵長褲給裝甲部隊的車輛乘員，這套夾克與長褲的防寒功能頗佳，因此不僅是裝甲兵，就連其他部隊的官兵也很愛用。

裝甲兵的軍裝

戰車盔與護目鏡
裝甲兵夾克
機甲部隊章
階級章（中士）
M1911A1
用彈匣袋

M3 雙筒望遠鏡

手槍腰帶

急救包

M1911A1用
M1916槍套

羊毛長褲

帆布綁腿
短筒靴

《 裝甲兵夾克 》

前襟為拉鍊式。

側口袋
分為早期型與後期型。
圖中畫的是後期型。

袖口為伸縮布。

冬季的裝甲兵

裝甲兵夾克

早期型口袋

毛線手套

裝甲兵吊帶褲

套靴

《 裝甲兵吊帶褲後期型 》
制式名稱為冬季戰鬥長褲

不只裝甲兵，
摩托車兵也常
用來防寒。

褲腳有束帶，可用
鈕扣束住腳踝。

《 頭戴冬季戰鬥帽的裝甲兵 》

冬季戰鬥帽

表布與裝甲兵夾克同為厚棉料。
早期型會露出羊毛內襯，後期
型則會加上棉質裡布。又
稱「裝甲兵帽」。

《 於裝甲兵帽上穿戴M1鋼盔的中士 》

裝甲兵的軍裝

《 1940 年左右的裝甲兵 》

早期型戰車盔

連身型 HBT
（人字紋布料）
操作服

《 北非戰線的裝甲兵 》

M1938 戰車盔

早期型裝甲兵
夾克

M3 衝鋒槍

連身操作服

《 1944 年冬季歐洲戰線的裝甲兵 》

戰車盔底下會戴防寒帽。

後期型裝甲兵
夾克

後期型裝甲兵
長褲

套靴

《 冬季戰鬥帽 》

冬季用防寒帽。與裝甲兵
夾克一起使用。

《 連身型 HBT 操作服 》

早期型

中期型

後期型

扳手
口袋

口袋設計有
變更。

廢除扳手
口袋。

胸前口袋只
剩 1 個。

恢復扳手
口袋。

並非裝甲兵專用，在訓練、保修作業、實戰時會穿用。

《 裝甲兵吊帶褲早期型 》

《 裝甲兵吊帶褲後期型 》

吊帶改成可拆式。

無線電接收器
固定帶。

《 M1938 戰車盔 》

頭頂開有通氣孔。

護目鏡固定束帶。

尺寸調整用橡膠束帶。

內襯為皮質。

戰車盔用以在戰車等車內保護乘員
頭部，盔體以紙壓縮製成。

30

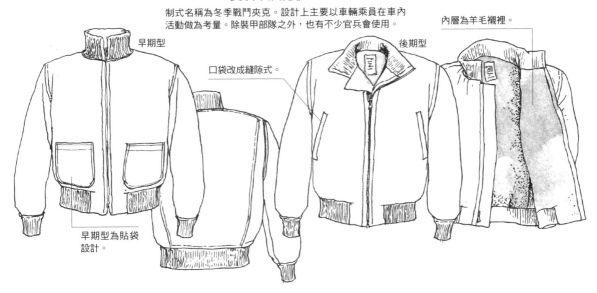

《裝甲兵夾克》

制式名稱為冬季戰鬥夾克。設計上主要以車輛乘員在車內活動做為考量。除裝甲部隊之外,也有不少官兵會使用。

早期型

口袋改成縫隙式。

後期型

內層為羊毛襯裡。

早期型為貼袋設計。

裝甲兵夾克的使用範例

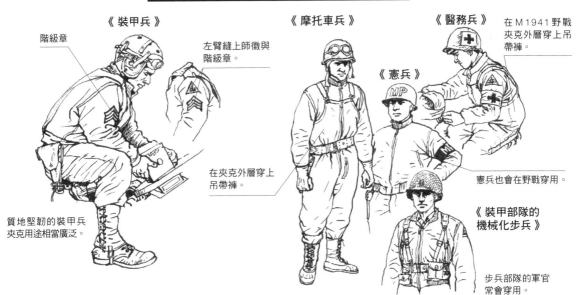

《裝甲兵》

階級章

左臂縫上師徽與階級章。

質地堅韌的裝甲兵夾克用途相當廣泛。

在夾克外層穿上吊帶褲。

《摩托車兵》

《憲兵》

MP

《醫務兵》

在M1941野戰夾克外層穿上吊帶褲。

憲兵也會在野戰穿用。

《裝甲部隊的機械化步兵》

步兵部隊的軍官常會穿用。

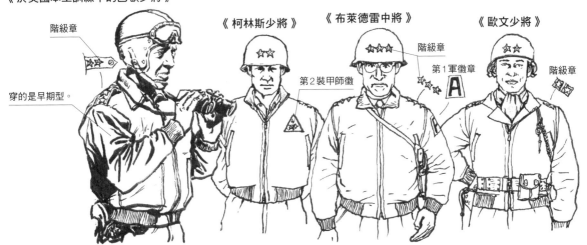

《於美國本土訓練中的巴頓少將》

階級章

穿的是早期型。

《柯林斯少將》

第2裝甲師徽

《布萊德雷中將》

階級章

第1軍徽章

A

《歐文少將》

階級章

31

傘兵

美軍首次進行空降作戰，是1944年6月6日的諾曼第登陸作戰。傘兵部隊用以支援登陸部隊，並確保內陸進攻路徑，在登陸之前先一步空降至敵區。為了在跳傘時盡可能將裝備、武器、物資（約30～100kg）攜掛在身上，會設計多款傘兵部隊專用的衣服與裝備。

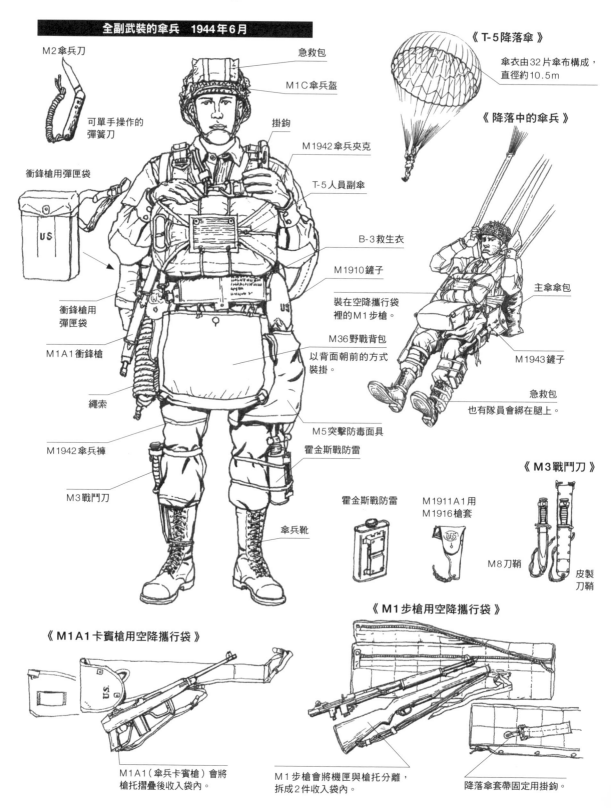

全副武裝的傘兵　1944年6月

M2傘兵刀

可單手操作的彈簧刀

衝鋒槍用彈匣袋

衝鋒槍用彈匣袋

M1A1衝鋒槍

繩索

M1942傘兵褲

M3戰鬥刀

傘兵靴

急救包

M1C傘兵盔

掛鉤

M1942傘兵夾克

T-5人員副傘

B-3救生衣

M1910鏟子

裝在空降攜行袋裡的M1步槍。

M36野戰背包
以背面朝前的方式裝掛。

M5突擊防毒面具

霍金斯戰防雷

《T-5降落傘》

傘衣由32片傘布構成，直徑約10.5m

《降落中的傘兵》

主傘傘包

M1943鏟子

急救包
也有隊員會綁在腿上。

《M3戰鬥刀》

M8刀鞘

皮製刀鞘

霍金斯戰防雷

M1911A1用
M1916槍套

《M1步槍用空降攜行袋》

《M1A1卡賓槍用空降攜行袋》

M1A1（傘兵卡賓槍）會將槍托摺疊後收入袋內。

M1步槍會將機匣與槍托分離，拆成2件收入袋內。

降落傘套帶固定用掛鉤。

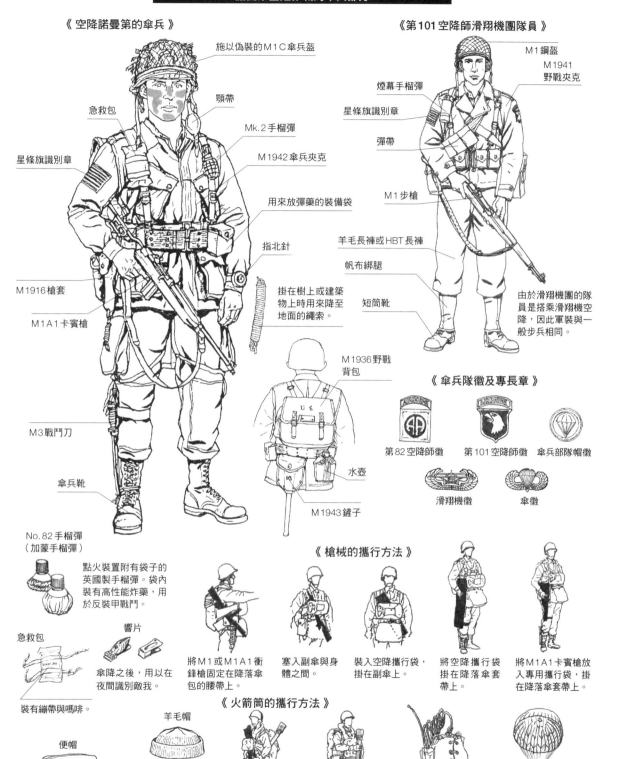

《空降諾曼第的傘兵》

施以偽裝的M1C傘兵盔

急救包

顎帶

Mk.2手榴彈

M1942傘兵夾克

星條旗識別章

用來放彈藥的裝備袋

指北針

M1916槍套

掛在樹上或建築物上時用來降至地面的繩索。

M1A1卡賓槍

M3戰鬥刀

傘兵靴

No.82手榴彈
（加蒙手榴彈）

點火裝置附有袋子的英國製手榴彈。袋內裝有高性能炸藥，用於反裝甲戰鬥。

急救包

響片

傘降之後，用以在夜間識別敵我。

裝有繃帶與嗎啡。

便帽

羊毛帽

M1C傘兵盔

傘兵帽徽位於左側。

為了避免鋼盔在跳傘時被風壓吹走，加裝傘兵專用顎帶。

《第101空降師滑翔機團隊員》

M1鋼盔

M1941野戰夾克

煙幕手榴彈

星條旗識別章

彈帶

M1步槍

羊毛長褲或HBT長褲

帆布綁腿

短筒靴

由於滑翔機團的隊員是搭乘滑翔機空降，因此軍裝與一般步兵相同。

M1936野戰背包

水壺

M1943鏟子

《傘兵隊徽及專長章》

第82空降師徽　　第101空降師徽　　傘兵部隊帽徽

滑翔機徽　　傘徽

《槍械的攜行方法》

將M1或M1A1衝鋒槍固定在降落傘包的腰帶上。

塞入副傘與身體之間。

裝入空降攜行袋，掛在副傘上。

將空降攜行袋掛在降落傘套帶上。

將M1A1卡賓槍放入專用攜行袋，掛在降落傘套帶上。

《火箭筒的攜行方法》

直接攜帶火箭筒。

使用英軍的空降物資包。

空降物資包（腿包）

空降物資包以繩索連結至套帶，降落傘張開後會往下投放。

《 M1942傘兵服 》

改良胸前口袋。

變更腰帶。

《 試製傘兵服 》

1941年試製的兩件式傘兵部隊戰鬥服。收藏家多稱其為M1941傘兵服。

《 M1943野戰吊帶褲傘兵型 》

加大兩側置物口袋。

《 M1942傘兵服的背面 》

在夾克底下穿上多層衣服之際，為了不妨礙動作，在背部中央與左右設有打摺構造。

增設置物口袋。

加裝在置物口袋內放東西時使用的固定束帶。

膝蓋部位有補強布料。

《 M1943野戰夾克 》

美軍為了削減特種被服，將M1943野戰夾克制定為全軍通用野戰服，傘兵部隊也因此以M1943野戰夾克取代專用傘兵服。

試改良製型（M1941傘兵服）後採用的傘兵服。夾克與長褲口袋的翻蓋有加大，並加上打摺結構，以增大收納容量。

由於M1943野戰吊帶褲並無置物口袋，因此配發傘兵部隊後，各部隊會自行改造加裝口袋。

陸戰隊員

第二次世界大戰（太平洋戰爭）開戰時的美軍，尚未完全做好戰爭準備。陸戰隊員的服裝與裝備也和陸軍一樣，都跟第一次世界大戰時的美軍士兵沒有太大差別。然而，他們的裝備仍有陸續更新，且與陸軍不同，會發展出陸戰隊特有的制服。

太平洋戰爭緒戰的陸戰隊員　1941～1942年

太平洋戰爭開戰時，陸戰隊部署於夏威夷、中途島、威克島、菲律賓等處。這些都屬熱帶地區，因此會穿陸戰隊的夏季卡其棉布制服。至於裝備，用的都是戰前型制。

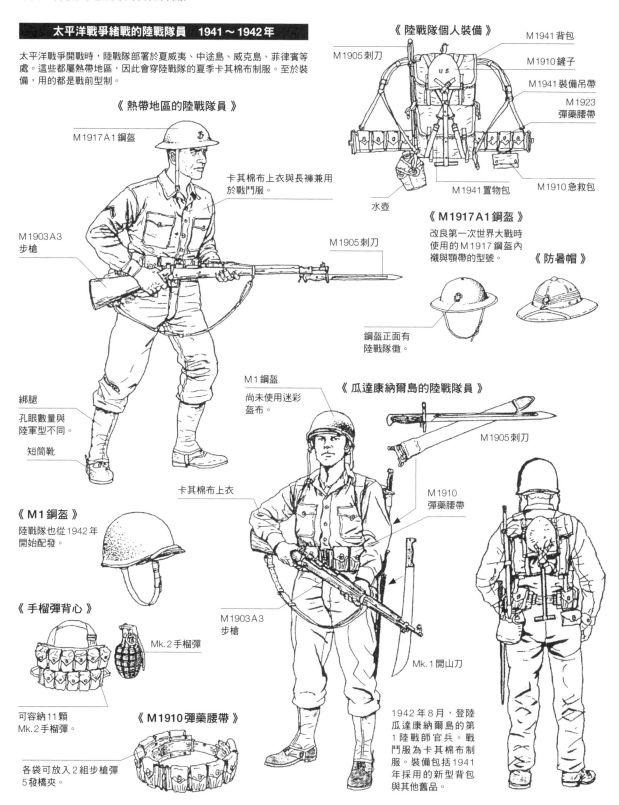

《熱帶地區的陸戰隊員》

M1917A1鋼盔

卡其棉布上衣與長褲兼用於戰鬥服。

M1903A3步槍

M1905刺刀

綁腿
孔眼數量與陸軍型不同。

短筒靴

《陸戰隊個人裝備》

M1905刺刀

M1941背包

M1910鏟子

M1941裝備吊帶

M1923彈藥腰帶

M1941置物包

M1910急救包

水壺

《M1917A1鋼盔》
改良第一次世界大戰時使用的M1917鋼盔內襯與顎帶的型號。

鋼盔正面有陸戰隊徽。

《防暑帽》

《M1鋼盔》
陸戰隊也從1942年開始配發。

M1鋼盔
尚未使用迷彩盔布。

《瓜達康納爾島的陸戰隊員》

M1905刺刀

卡其棉布上衣

M1910彈藥腰帶

M1903A3步槍

Mk.1開山刀

《手榴彈背心》

Mk.2手榴彈

可容納11顆Mk.2手榴彈。

《M1910彈藥腰帶》

各袋可放入2組步槍彈5發橋夾。

1942年8月，登陸瓜達康納爾島的第1陸戰師官兵。戰鬥服為卡其棉布制服。裝備包括1941年採用的新型背包與其他舊品。

美軍在瓜達康納爾島戰役取得勝利之後，從1943年開始於太平洋戰線
發動攻勢。陸戰隊員不僅領到M1步槍、換用HBT操作服，野戰裝備也
變得更符合實戰。

《陸戰隊員套上迷彩盔布的鋼盔》

鋼盔的迷彩盔布是在1943年
11月的塔拉瓦島登陸戰首次用
於實戰。

迷彩盔布後端可拉出
來，發揮防曬功能。

《身穿P1941 HBT操作服與長褲的陸戰隊員》

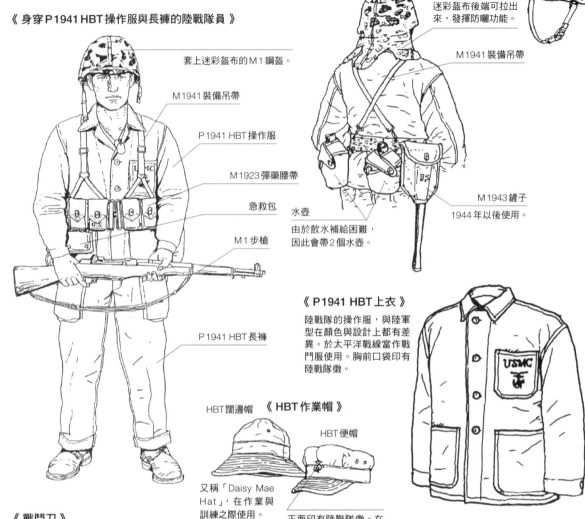

套上迷彩盔布的M1鋼盔。

M1941裝備吊帶

P1941 HBT操作服

M1923彈藥腰帶

急救包

M1步槍

P1941 HBT長褲

M1941裝備吊帶

水壺
由於飲水補給困難，
因此會帶2個水壺。

M1943鏟子
1944年以後使用。

《P1941 HBT上衣》

陸戰隊的操作服，與陸軍
型在顏色與設計上都有差
異。於太平洋戰線當作戰
鬥服使用。胸前口袋印有
陸戰隊徽。

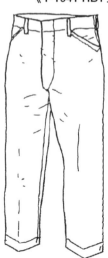

《HBT作業帽》

HBT闊邊帽

HBT便帽

又稱「Daisy Mae
Hat」，在作業與
訓練之際使用。

正面印有陸戰隊徽。在
戰場上有不少士兵會將
鋼盔戴在這款帽子上。

《戰鬥刀》

《水壺》

交叉扣合式的水壺套是
陸戰隊的特色裝備之
一。水壺本身則與陸軍
同型。

《急救包》

為了在熱帶叢林活動，除了
繃帶之外，還裝有淨水劑、
消毒藥、護唇膏等。

《P1941 HBT長褲》

質料與上衣相同
的長褲。前後各
有兩個口袋。

陸戰隊員會稱作
「卡巴刀」。

《M1941裝備吊帶》

裝備吊帶也是陸戰
隊獨有設計，屬於
直線型，也會用來
固定背包。

《叢林靴》

陸軍於1942年採
用的帆布橡膠靴。
陸戰隊有一些部隊
會做測試性使用。

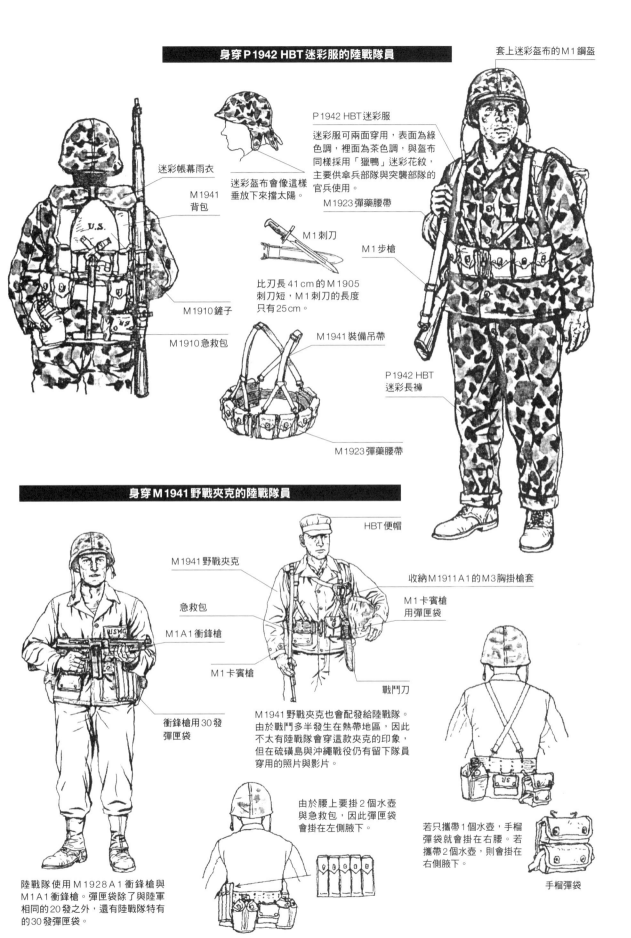

身穿 P1942 HBT 迷彩服的陸戰隊員

套上迷彩盔布的 M1 鋼盔

迷彩帳幕雨衣

M1941 背包

M1910 鏟子

M1910 急救包

迷彩盔布會像這樣垂放下來擋太陽。

P1942 HBT 迷彩服
迷彩服可兩面穿用，表面為綠色調，裡面為茶色調，與盔布同樣採用「獵鴨」迷彩花紋，主要供傘兵部隊與突襲部隊的官兵使用。

M1923 彈藥腰帶

M1 刺刀

比刃長 41cm 的 M1905 刺刀短，M1 刺刀的長度只有 25cm。

M1 步槍

M1941 裝備吊帶

P1942 HBT 迷彩長褲

M1923 彈藥腰帶

身穿 M1941 野戰夾克的陸戰隊員

HBT 便帽

M1941 野戰夾克

急救包

M1A1 衝鋒槍

M1 卡賓槍

收納 M1911A1 的 M3 胸掛槍套

M1 卡賓槍用彈匣袋

戰鬥刀

衝鋒槍用 30 發彈匣袋

M1941 野戰夾克也會配發給陸戰隊。由於戰鬥多半發生在熱帶地區，因此不太有陸戰隊會穿這款夾克的印象，但在硫磺島與沖繩戰役仍有留下隊員穿用的照片與影片。

由於腰上要掛 2 個水壺與急救包，因此彈匣袋會掛在左側腋下。

陸戰隊使用 M1928A1 衝鋒槍與 M1A1 衝鋒槍。彈匣袋除了與陸軍相同的 20 發之外，還有陸戰隊特有的 30 發彈匣袋。

若只攜帶 1 個水壺，手榴彈袋就會掛在右腰。若攜帶 2 個水壺，則會掛在右側腋下。

手榴彈袋

太平洋戰爭後期的陸戰隊員

從塔拉瓦島登陸作戰開始，陸戰隊員便都是這副樣貌。

M1卡賓槍
主要為軍官與士官使用。

《 M1943 鏟子 》

M1943 鏟子

M1941 背包

這款摺疊鏟約從1944年後半開始配賦。

《 M1941 背包的完整裝備 》

內側包入毛毯後捲起來的迷彩帳幕雨衣。

M1941 背包

有些人會把彈匣袋套在槍托上。

M1941 置物包

水壺

雖然水壺套的設計與陸軍相同，但套子內側沒有保溫內襯。

《 M3 胸掛槍套 》

《 戰車盔 》

與陸軍同型。

M1911A1用槍套。須在狹窄車內活動的裝甲兵會以此替代腰槍套。

《 護目鏡 》

與陸軍同型。

陸戰隊裝甲兵

戰車盔

U.S.M.C

M1928A1 衝鋒槍

M1916 槍套

早期也會使用50 發彈鼓。

《 M1941 背包 》

用來放口糧與換洗內衣等物。

身穿迷彩服的裝甲兵

M1942 HBT
迷彩服

配備M3胸掛槍套

M1917A1鋼盔

第一次世界大戰使用的M1917鋼盔的1939年版。更改內襯系統，顎帶也從皮製改成棉質。

M1鋼盔

M1鋼盔採用於1941年6月，用以取代M1917A1。與之前的盆形鋼盔相比，它採用較深的圓形設計，可提高對頭部的防護力，因形狀而被稱為「鋼鍋」。

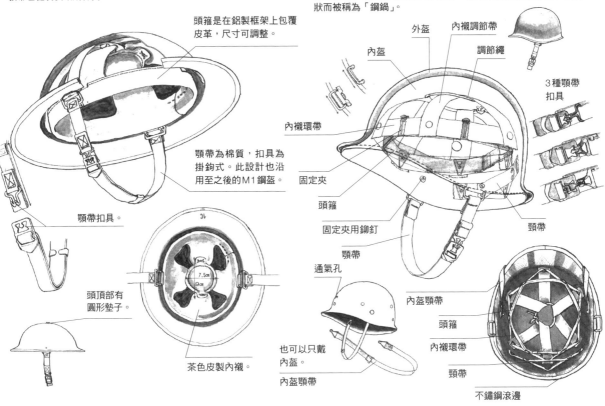

頭箍是在鋁製框架上包覆皮革，尺寸可調整。

顎帶為棉質，扣具為掛鉤式。此設計也沿用至之後的M1鋼盔。

顎帶扣具。

頭頂部有圓形墊子。

茶色皮製內襯。

外盔
內盔
內襯調節帶
調節繩

3種顎帶扣具

內襯環帶
固定夾
頭箍
固定夾用鉚釘
顎帶
通氣孔

也可以只戴內盔。

內盔顎帶

內盔顎帶
頭箍
內襯環帶
頸帶

頸帶

不鏽鋼滾邊

鋼盔標誌

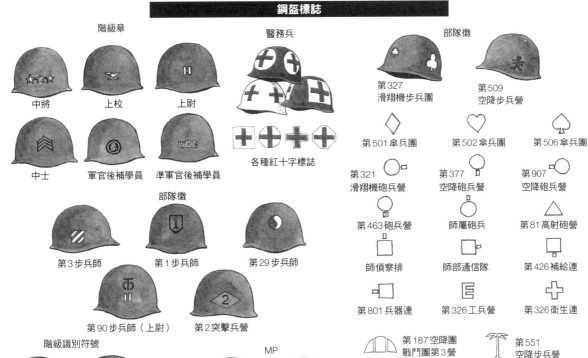

階級章

中將
上校
上尉

中士
軍官後補學員
準軍官後補學員

醫務兵

各種紅十字標誌

部隊徽

第327滑翔機步兵團

第509空降步兵營

第501傘兵團
第502傘兵團
第506傘兵團

第321滑翔機砲兵營
第377空降砲兵營
第907空降砲兵營

第463砲兵營
師屬砲兵
第81高射砲營

師偵察排
師部通信隊
第426補給連

第801兵器連
第326工兵營
第326衛生連

第187空降團戰鬥團第3營
第551空降步兵營

第505空降步兵營
第502空降步兵團

部隊徽

第3步兵師
第1步兵師
第29步兵師

第90步兵師（上尉）
第2突擊兵營

階級識別符號

軍官
士官

MP

《 軍官制服 》

1939 年制定的軍官制服。由於卡其色調比兵／士官用制服還要深，因此又被稱作「巧克力」。長褲有兩種顏色，除了與夾克同色之外，還有一種稱為粉紅褲的米色版本。

《 WAC 軍官制服 》

陸軍女性部隊的軍官制服，布料顏色與男用制服相同。1944 年將鈕扣由塑膠材質改成黃銅材質。

《 羊毛野戰夾克 》

此即為知名的「艾森豪夾克」，原本是冬季野戰服，但由於官兵們在後方也喜歡穿，因此就把它當成軍便服使用。

《 身穿藍色禮服的陸戰隊員 》

陸戰隊的禮服。夾克為單排扣立領式。軍官版有 4 顆鈕扣，兵／士官用夾克則為 6 顆鈕扣。

美國陸軍的階級章

〔帽徽〕 軍官   〔帽徽〕 士官／兵

〔軍官〕   〔士官〕

〔肩章〕

| 元帥 | 上將 | 中將 | 少將 | 准將 | 上校 | 中校（銀） | 少校（金） | 上尉 | 中尉（銀） | 少尉（金） | 一級准尉 | 二級准尉 |

〔臂章〕

| 領導士官長 | 首席士官長 | 技術上士 | 上士 | 三等技術兵 | 中士 | 四等技術兵 | 下士 | 五等技術兵 | 一等兵 |

美國陸戰隊的階級章

〔帽章〕

〔肩章〕

| 中將 | 少將 | 准將 | 上校 | 中校 | 少校 | 上尉 | 中尉 | 少尉 | 五級准尉 | 一級准尉 | 軍校生 |

〔臂章〕

| 三等士官長 | 三等技術士官長 | 四等士官長 | 技能軍曹 | 排附上士 | 技術上士 | 中士 | 下士 | 一等兵 |

海軍空勤機組員章

海軍飛行員章

陸軍航空隊的空勤機組員

美國陸軍航空隊的空勤人員，備有能在飛行時於嚴酷自然環境下遂行任務，並保護自身免遭敵人攻擊的裝備。

《50次任務軟盤帽》

由於耳機會戴在上面，因此帽子會被壓到變形。這也是完成出擊50趟任務的證明。

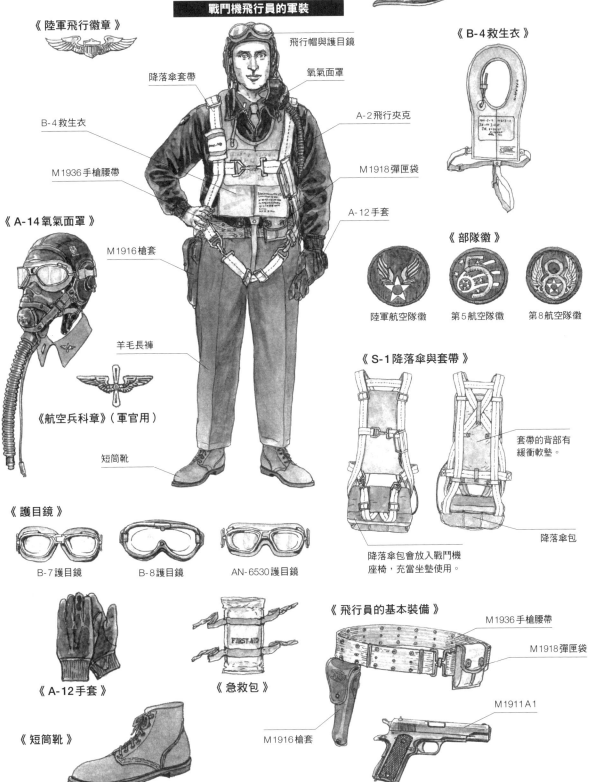

戰鬥機飛行員的軍裝

《陸軍飛行徽章》

飛行帽與護目鏡

降落傘套帶

氧氣面罩

B-4救生衣

A-2飛行夾克

M1936手槍腰帶

M1918彈匣袋

《A-14氧氣面罩》

A-12手套

M1916槍套

《部隊徽》

陸軍航空隊徽　第5航空隊徽　第8航空隊徽

羊毛長褲

《航空兵科章》（軍官用）

《S-1降落傘與套帶》

套帶的背部有緩衝軟墊。

短筒靴

降落傘包

降落傘包會放入戰鬥機座椅，充當坐墊使用。

《護目鏡》

B-7護目鏡　　B-8護目鏡　　AN-6530護目鏡

《A-12手套》　　《急救包》

《飛行員的基本裝備》

M1936手槍腰帶

M1918彈匣袋

M1911A1

《短筒靴》

M1916槍套

歐洲戰線的轟炸機組員

為了在氣溫與氣壓皆低的高空飛行，必須穿戴這些裝備。

B-2帽子

A-3降落傘套帶

A-9A手套

A-3長褲

A-6靴子

《 轟炸機組員的帽子 》

B-1帽子
（夏季用）

B-2帽子
（冬季用）

B-4救生衣

B-3夾克

A-3胸掛式
降落傘

《 轟炸機與運輸機使用的無線電裝備 》

HS-38耳機

T-30-V喉頭
麥克風

《 機組員用鋼盔 》

M3飛行頭盔

M4飛行頭盔

《A-9A手套》（冬季用）

身穿B-3夾克的飛行員（上尉）

軟盤帽
據說轟炸機飛行員在飛行時比較喜歡戴這種軍帽。

轟炸機的機槍手

機組員會穿防彈背心，以抵擋防空砲彈的破片。

M1防彈背心

M4防彈圍裙

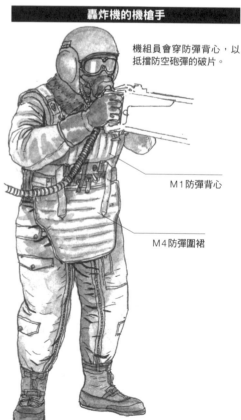

《 A-3長褲 》
（冬季用）

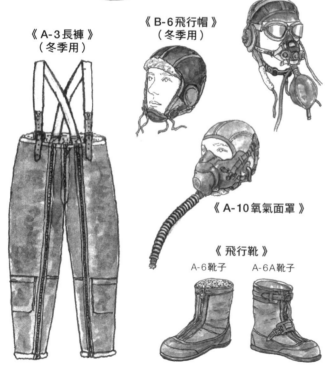

《 B-6飛行帽 》
（冬季用）

《 A-8氧氣面罩 》

《 A-10氧氣面罩 》

《 飛行靴 》

A-6靴子

A-6A靴子

海軍航空隊的空勤機組員

太平洋戰線的航空作戰多半是在熱帶地區進行，與歐洲戰線相比，
飛行員會採輕裝上陣。

太平洋戰線的海軍飛行員

AN-6530
護目鏡

M450飛行帽

降落傘套帶

M6682飛行衣

Mk.I刺刀

B-3救生衣

短筒靴

《 M450飛行帽與
AN-6530護目鏡 》

飛行帽為海軍夏季用，
護目鏡與陸軍同型。

《 B-3救生衣 》

靠CO$_2$充氣的
救生衣。

標示落海位置的
染色劑。

《 AN-H-15飛行帽與
A-13氧氣面罩 》

飛行帽為卡其棉布
材質的夏季用品。

《 S-1降落傘 》

套帶

求生附件

降落傘包

《 M3胸掛槍套 》

肩帶

備用子彈插環

《 海軍飛行員的帽子 》

軍官用大盤帽

便帽

N-3HBT帽子

《 S&W軍警型轉輪手槍勝利型 》

《 Mk.I刺刀 》

《 M6682飛行衣 》

卡其棉布材質夏季用飛行衣。

43

海軍

《軍官用大盤帽》

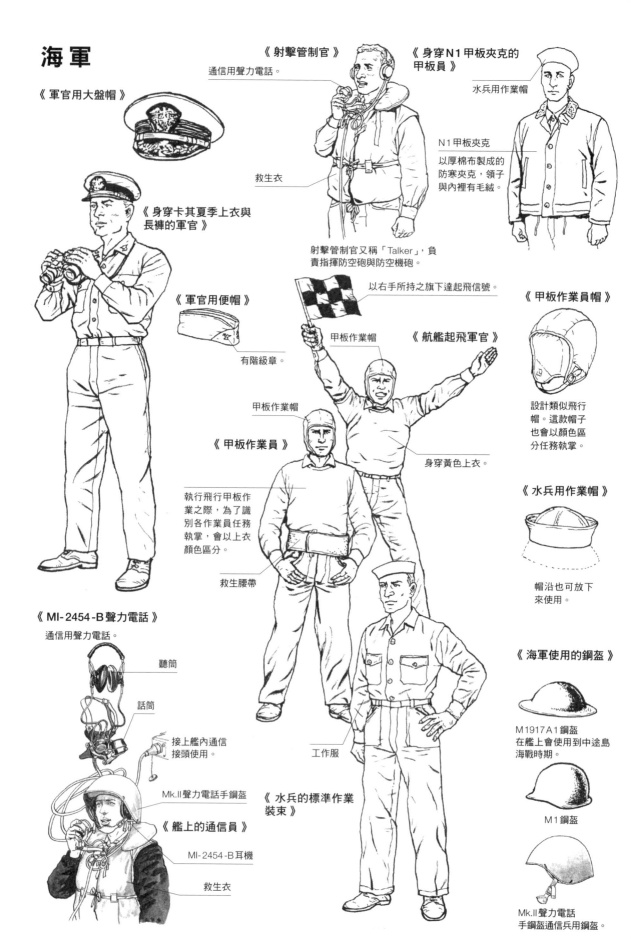

《身穿卡其夏季上衣與長褲的軍官》

《軍官用便帽》

有階級章。

《射擊管制官》

通信用聲力電話。

救生衣

射擊管制官又稱「Talker」，負責指揮防空砲與防空機砲。

《身穿N1甲板夾克的甲板員》

水兵用作業帽

N1甲板夾克

以厚棉布製成的防寒夾克，領子與內裡有毛絨。

以右手所持之旗下達起飛信號。

甲板作業帽

《航艦起飛軍官》

身穿黃色上衣。

甲板作業帽

《甲板作業員》

執行飛行甲板作業之際，為了識別各作業員任務執掌，會以上衣顏色區分。

救生腰帶

《甲板作業員帽》

設計類似飛行帽。這款帽子也會以顏色區分任務執掌。

《水兵用作業帽》

帽沿也可放下來使用。

《海軍使用的鋼盔》

M1917A1鋼盔
在艦上會使用到中途島海戰時期。

M1鋼盔

Mk.II聲力電話手鋼盔通信兵用鋼盔。

工作服

《水兵的標準作業裝束》

《MI-2454-B聲力電話》

通信用聲力電話。

聽筒

話筒

接上艦內通信接頭使用。

Mk.II聲力電話手鋼盔

《艦上的通信員》

MI-2454-B耳機

救生衣

海軍的制服

《軍官》

6顆金色鈕扣。

階級章位於袖口。

黑呢冬服是軍官、准尉用的冬季軍常服。

士官大盤帽，帽體為白色。

《士官》

階級章位於左臂。

8顆鈕扣。

績優章

授予考績優秀人員。

士官制服也比照軍官使用黑呢冬服。

《海軍憲兵》

有SP字樣的臂章。

手槍腰帶

有時也會攜帶手槍。

警棍

美國海軍憲兵隊的水兵，通稱SP（Shore Patrol）。負責在海軍內部維持秩序、取締犯罪。

《水兵》

綁腿

顏色為白色或卡其色。

美國海軍的水兵服為深藍色羊毛材質。領巾顏色為黑色。圖中畫的人物頭戴白色作業帽，著正裝時則會戴水兵帽。

美國海軍的階級章

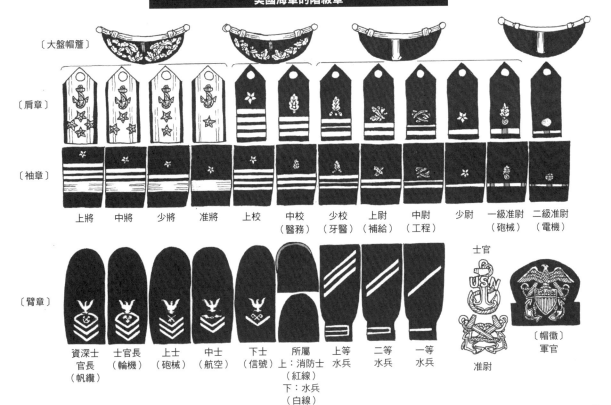

〔大盤帽簷〕

〔肩章〕

〔袖章〕

| 上將 | 中將 | 少將 | 准將 | 上校 | 中校（醫務） | 少校（牙醫） | 上尉（補給） | 中尉（工程） | 少尉 | 一級准尉（砲械） | 二級准尉（電機） |

〔臂章〕

| 資深士官長（帆纜） | 士官長（輪機） | 上士（砲械） | 中士（航空） | 下士（信號） | 所屬上：消防士（紅線）下：水兵（白線） | 上等水兵 | 二等水兵 | 一等水兵 |

士官

准尉

〔帽徽〕軍官

45

英軍

英國陸海空軍及陸戰隊的軍服與其他國家一樣，制定有禮服、野戰服等多款種類，其中P37戰鬥服（海軍於1943年制定）是共通使用。另外，野戰用的P37裝備也是全軍通用。

歐洲戰線的陸軍士兵

英國陸軍在歐洲戰線使用的軍裝，是P37（1937式）戰鬥服與P37個人裝備，兩者皆制定於1937年。P37戰鬥服是以卡其色的羊毛布料製成，為上衣長度止於腰際的短版夾克。這款野戰服在戰爭期間也當作軍常服使用。

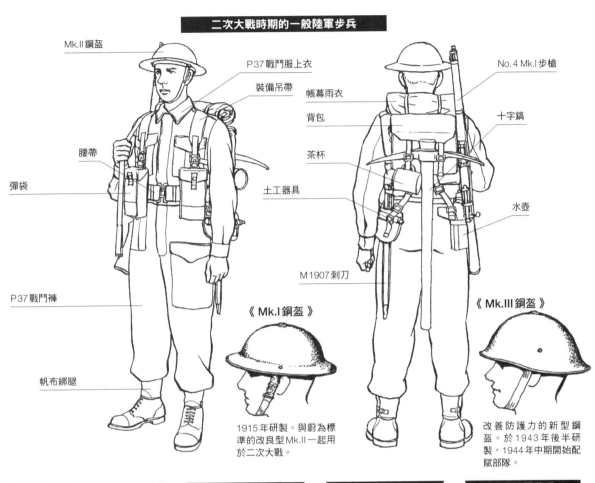

二次大戰時期的一般陸軍步兵

Mk.II 鋼盔
P37 戰鬥服上衣
裝備吊帶
腰帶
彈袋
P37 戰鬥褲
帆布綁腿

No.4 Mk.I 步槍
帳幕雨衣
背包
茶杯
土工器具
十字鎬
水壺
M1907 刺刀

《 Mk.I 鋼盔 》
1915年研製。與蔚為標準的改良型Mk.II一起用於二次大戰。

《 Mk.III 鋼盔 》
改善防護力的新型鋼盔。於1943年後半研製，1944年中期開始配賦部隊。

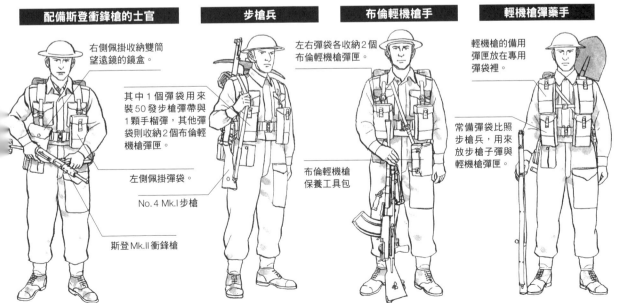

配備斯登衝鋒槍的士官
右側佩掛收納雙筒望遠鏡的鏡盒。
其中1個彈袋用來裝50發步槍彈帶與1顆手榴彈，其他彈袋則收納2個布倫輕機槍彈匣。
左側佩掛彈袋。
No.4 Mk.I 步槍
斯登 Mk.II 衝鋒槍

步槍兵

布倫輕機槍手
左右彈袋各收納2個布倫輕機槍彈匣。
布倫輕機槍保養工具包

輕機槍彈藥手
輕機槍的備用彈匣放在專用彈袋裡。
常備彈袋比照步槍兵，用來放步槍子彈與輕機槍彈匣。

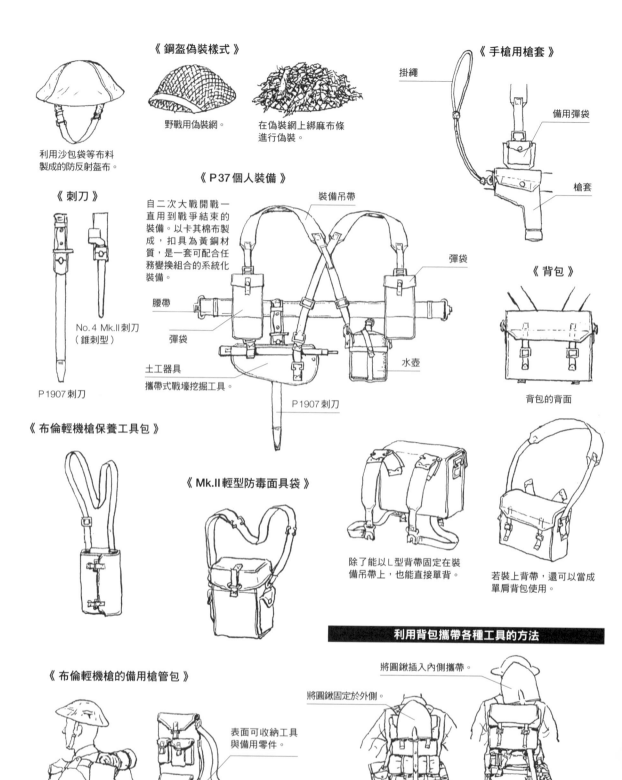

《鋼盔偽裝樣式》

利用沙包袋等布料製成的防反射盔布。

野戰用偽裝網。

在偽裝網上綁麻布條進行偽裝。

《手槍用槍套》

掛繩

備用彈袋

槍套

《刺刀》

No.4 Mk.II 刺刀（錐刺型）

P1907 刺刀

《P37 個人裝備》

自二次大戰開戰一直用到戰爭結束的裝備。以卡其棉布製成，扣具為黃銅材質，是一套可配合任務變換組合的系統化裝備。

裝備吊帶

彈袋

腰帶

彈袋

土工器具
攜帶式戰壕挖掘工具。

水壺

P1907 刺刀

《背包》

背包的背面

《布倫輕機槍保養工具包》

《Mk.II 輕型防毒面具袋》

除了能以 L 型背帶固定在裝備吊帶上，也能直接單背。

若裝上背帶，還可以當成單肩背包使用。

利用背包攜帶各種工具的方法

《布倫輕機槍的備用槍管包》

表面可收納工具與備用零件。

備用槍管包由彈藥手負責攜帶。

將圓鍬插入內側攜帶。

將圓鍬固定於外側。

把布倫輕機槍的備用槍管插入蓋子內側。

以束帶固定十字鎬的頭部。

48

北非戰線的陸軍士兵

由於英國在非洲與東南亞有許多殖民地，因此不僅在20世紀發展出許多用於這些地區的被服，
二次大戰也有配備適合在熱帶地區活動的軍裝。

熱帶用制服

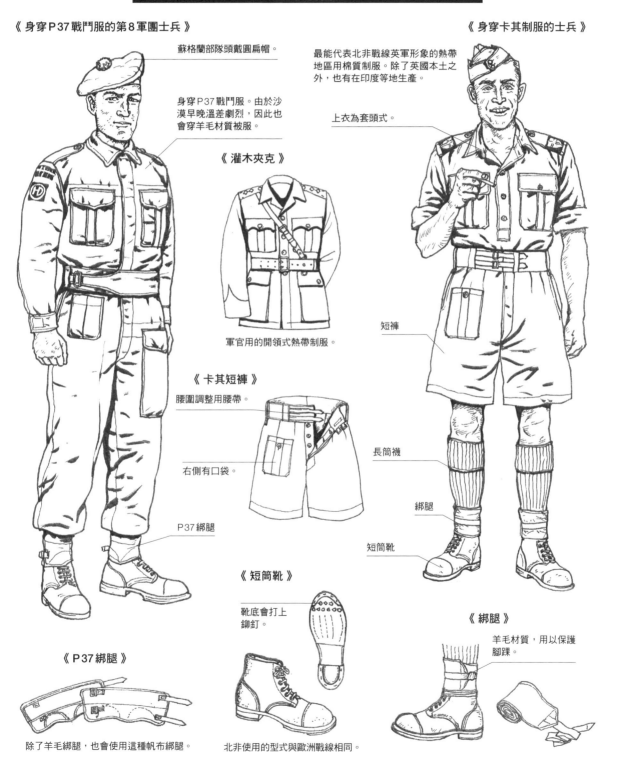

《身穿P37戰鬥服的第8軍團士兵》

蘇格蘭部隊頭戴圓扁帽。

身穿P37戰鬥服。由於沙漠早晚溫差劇烈，因此也會穿羊毛材質被服。

《灌木夾克》

軍官用的開領式熱帶制服。

《卡其短褲》

腰圍調整用腰帶。

右側有口袋。

P37綁腿

《身穿卡其制服的士兵》

最能代表北非戰線英軍形象的熱帶地區用棉質制服。除了英國本土之外，也有在印度等地生產。

上衣為套頭式。

短褲

長筒襪

綁腿

短筒靴

《短筒靴》

靴底會打上鉚釘。

北非使用的型式與歐洲戰線相同。

《P37綁腿》

除了羊毛綁腿，也會使用這種帆布綁腿。

《綁腿》

羊毛材質，用以保護腳踝。

《便帽》

《大盤帽》

《防暑帽》

《附盔布的Mk.II鋼盔》

為了用於沙漠戰線，會把綠色鋼盔改漆成土黃色或卡其色。圖中畫的是套上盔布的樣子。

長程沙漠群（LRDG）隊員

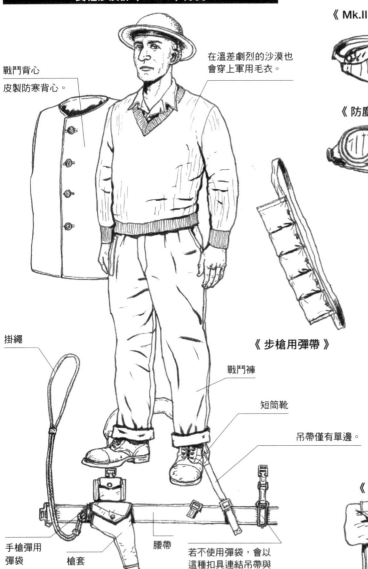

在溫差劇烈的沙漠也會穿上軍用毛衣。

戰鬥背心
皮製防寒背心。

掛繩

手槍彈用
彈袋

槍套

腰帶

吊帶僅有單邊。

若不使用彈袋，會以這種扣具連結吊帶與腰帶。

《軍官攜帶槍套時的P37裝備》

戰鬥褲

短筒靴

《Mk.II護目鏡》

原本是在打化學戰時用以保護眼睛不受毒氣侵害的護目鏡，但也會用於防塵。除此之外，因為這款護目鏡被德軍繳獲後曾由隆美爾將軍使用，因此又被稱作「隆美爾護目鏡」。

《防塵護目鏡》

《步槍用彈帶》

《Mk.VII防毒面具與專用攜行袋》

英軍會稱防毒面具為Respirator。

Mk.VII
防毒面具

防毒面具攜行袋

《P08背包》

1908年採用的P08裝備中的P08背包，在二次大戰也會使用。由於它是行軍用的大型背包，因此通常在戰鬥時不會背。

將帳幕雨衣與茶杯裝在蓋子上。

將輔助束帶裝在P08背包上的狀態。

輔助束帶

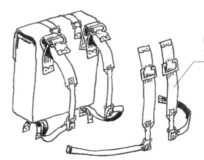

P08背包若裝上L型背帶也能單獨使用。

裝甲兵

英國裝甲兵的基本服裝，是與步兵同款的P37戰鬥服，但也會使用熱帶被服、裝甲車輛用丹寧布連身服、冬季用防寒連身服，以及這些服裝的迷彩版等。

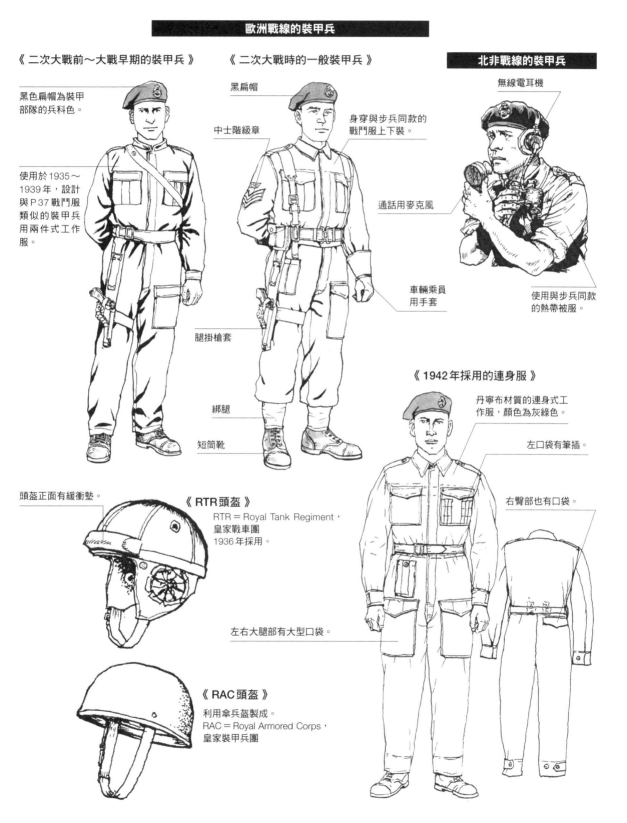

歐洲戰線的裝甲兵

《 二次大戰前～大戰早期的裝甲兵 》

黑色扁帽為裝甲部隊的兵科色。

使用於1935～1939年，設計與P37戰鬥服類似的裝甲兵用兩件式工作服。

《 二次大戰時的一般裝甲兵 》

黑扁帽

中士階級章

身穿與步兵同款的戰鬥服上下裝。

通話用麥克風

車輛乘員用手套

腿掛槍套

綁腿

短筒靴

北非戰線的裝甲兵

無線電耳機

使用與步兵同款的熱帶被服。

《 1942年採用的連身服 》

丹寧布材質的連身式工作服，顏色為灰綠色。

左口袋有筆插。

右臀部也有口袋。

頭盔正面有緩衝墊。

《 RTR頭盔 》
RTR＝Royal Tank Regiment，皇家戰車團
1936年採用。

左右大腿部有大型口袋。

《 RAC頭盔 》
利用傘兵盔製成。
RAC＝Royal Armored Corps，皇家裝甲兵團

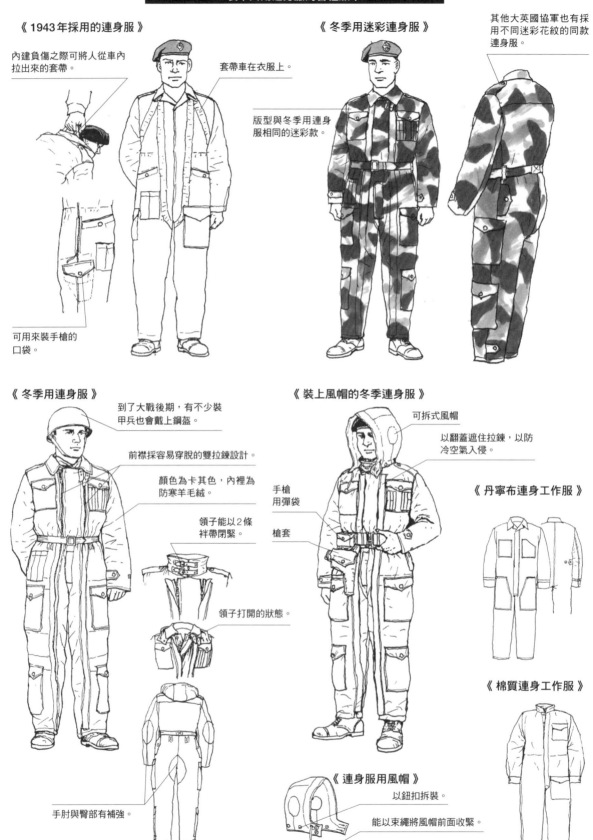

《 1943年採用的連身服 》

內建負傷之際可將人從車內拉出來的套帶。

套帶車在衣服上。

版型與冬季用連身服相同的迷彩款。

《 冬季用迷彩連身服 》

其他大英國協軍也有採用不同迷彩花紋的同款連身服。

可用來裝手槍的口袋。

《 冬季用連身服 》

到了大戰後期,有不少裝甲兵也會戴上鋼盔。

前襟採容易穿脫的雙拉鍊設計。

顏色為卡其色,內裡為防寒羊毛絨。

領子能以2條袢帶閉緊。

領子打開的狀態。

手肘與臀部有補強。

《 裝上風帽的冬季連身服 》

可拆式風帽

以翻蓋遮住拉鍊,以防冷空氣入侵。

手槍用彈袋

槍套

《 丹寧布連身工作服 》

《 棉質連身工作服 》

《 連身服用風帽 》

以鈕扣拆裝。

能以束繩將風帽前面收緊。

傘兵

英國傘兵部隊以參與諾曼第登陸作戰和市場花園作戰打響名號。他們使用的軍裝是專為跳傘與
傘降後的戰鬥而設計。

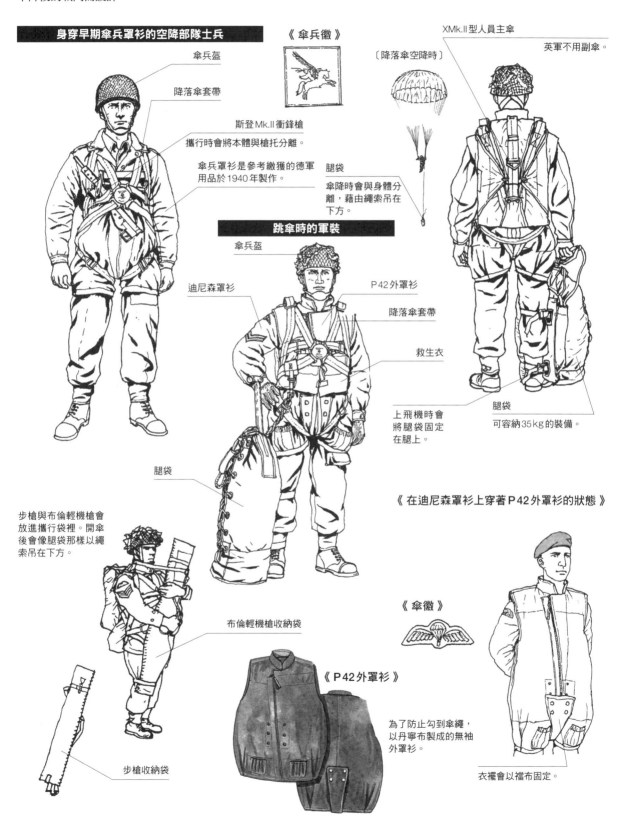

身穿早期傘兵罩衫的空降部隊士兵

傘兵盔

降落傘套帶

斯登 Mk.II 衝鋒槍
攜行時會將本體與槍托分離。

傘兵罩衫是參考繳獲的德軍
用品於 1940 年製作。

《傘兵徽》

〔降落傘空降時〕

XMk.II 型人員主傘
英軍不用副傘。

腿袋
傘降時會與身體分
離，藉由繩索吊在
下方。

跳傘時的軍裝

傘兵盔

迪尼森罩衫

P 42 外罩衫

降落傘套帶

救生衣

上飛機時會
將腿袋固定
在腿上。

腿袋
可容納 35kg 的裝備。

腿袋

步槍與布倫輕機槍會
放進攜行袋裡。開傘
後會像腿袋那樣以繩
索吊在下方。

布倫輕機槍收納袋

《 P 42 外罩衫 》

為了防止勾到傘繩，
以丹寧布製成的無袖
外罩衫。

步槍收納袋

《 在迪尼森罩衫上穿著 P 42 外罩衫的狀態 》

《傘徽》

衣襬會以襠布固定。

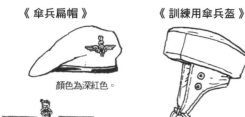

《傘兵扁帽》

顏色為深紅色。

扁帽帽徽

《訓練用傘兵盔》

以卡其棉布製成。內有橡膠軟墊，因形狀而被稱為「橡膠防撞墊」。

《傘兵盔》

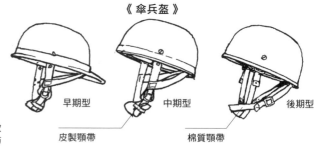

早期型　　中期型　　後期型

皮製顎帶　　棉質顎帶

《迪尼森罩衫早期型》

口袋的裝設方式也有變更。

1942 年採用的套頭式傘兵迷彩罩衫。

《迪尼森罩衫後期型》

為了固定襠布，會加上鈕扣。

1944 年改良的第二型。用以防止衣襬捲起的襠布，在不使用時會以加裝的鈕扣固定於背部。

後期型的袖子為圓筒形，袖口有袢帶。許多士兵為了防止寒風從袖口灌入，會利用襪子將袖口改造成像早期型那樣可以束口。

《野戰行軍裝備》

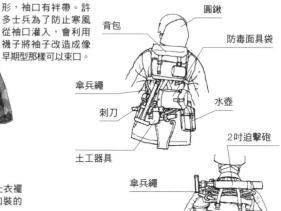

圓鍬

背包

防毒面具袋

傘兵繩

刺刀

水壺

2吋迫擊砲

土工器具

傘兵繩

背包

防毒面具袋

傘兵部隊士兵的戰鬥裝備

《兵／士官》

《軍官》

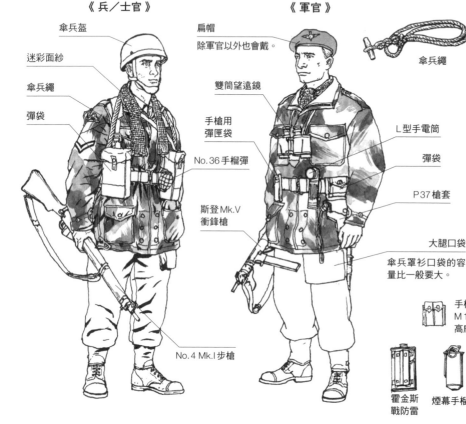

傘兵盔

迷彩面紗

傘兵繩

彈袋

扁帽
除軍官以外也會戴。

傘兵繩

雙筒望遠鏡

手槍用彈匣袋

No.36 手榴彈

斯登 Mk.V 衝鋒槍

L型手電筒

彈袋

P37 槍套

大腿口袋

傘兵罩衫口袋的容量比一般要大。

No.4 Mk.I 步槍

步槍用彈帶

衝鋒槍彈匣用彈帶

P37 槍套
有轉輪手槍用與自動手槍兼用型。

手槍用彈匣袋
M1911A1 或白朗寧高威力手槍用。

轉輪手槍用彈袋

霍金斯戰防雷

煙幕手榴彈

加蒙手榴彈（反戰車用）

No.36 手榴彈

突擊隊

英軍的突擊隊是一支以奇襲、強攻方式破壞德國占領區內軍事據點的特種部隊，
成立於1940年。

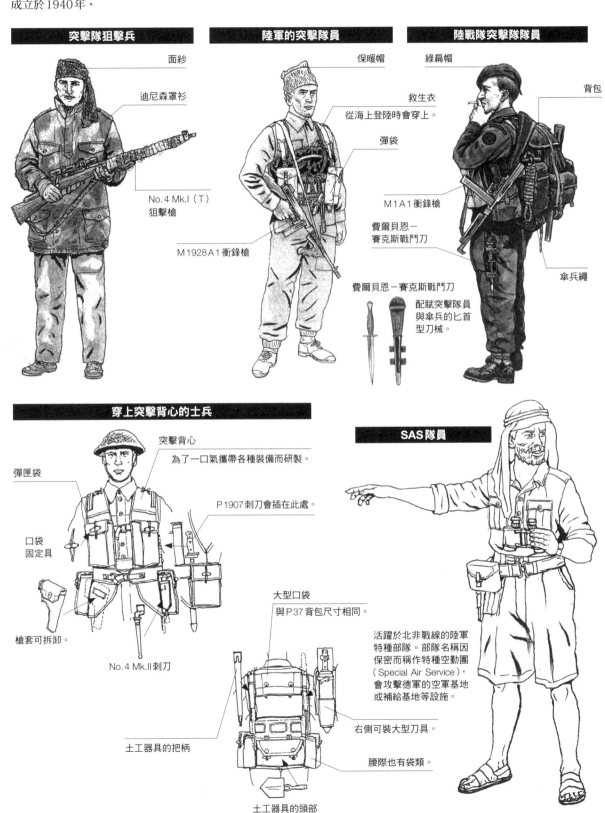

突擊隊狙擊兵

面紗

迪尼森罩衫

No. 4 Mk.I（T）
狙擊槍

陸軍的突擊隊員

保暖帽

救生衣

從海上登陸時會穿上。

彈袋

M1928A1衝鋒槍

費爾貝恩－
賽克斯戰鬥刀

費爾貝恩－賽克斯戰鬥刀

配賦突擊隊員
與傘兵的匕首
型刀械。

陸戰隊突擊隊隊員

綠扁帽

背包

M1A1衝鋒槍

傘兵繩

穿上突擊背心的士兵

彈匣袋

突擊背心

為了一口氣攜帶各種裝備而研製。

P1907刺刀會插在此處。

口袋
固定具

槍套可拆卸。

No. 4 Mk.II刺刀

土工器具的把柄

土工器具的頭部

SAS隊員

大型口袋

與P37背包尺寸相同。

活躍於北非戰線的陸軍
特種部隊。部隊名稱因
保密而稱作特種空勤團
（Special Air Service），
會攻擊德軍的空軍基地
或補給基地等設施。

右側可裝大型刀具。

腰際也有袋類。

英國遠東司令部

在馬來亞戰役與日軍交手的，是隸屬英國遠東司令部，負責保衛馬來半島及新加坡的馬來軍。馬來軍的陸軍部隊，是由英國、印度、澳大利亞的陸軍部隊編組而成。在太平洋戰爭開戰後，駐紮香港、緬甸的部隊也納入英國遠東司令部指揮。

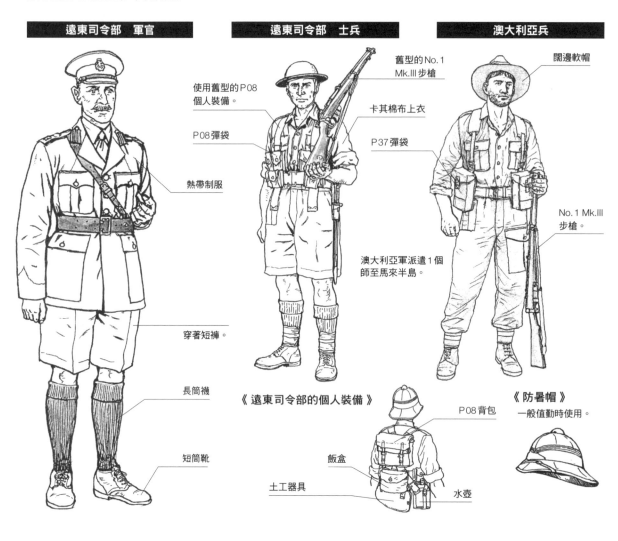

遠東司令部　軍官

熱帶制服

穿著短褲。

長筒襪

短筒靴

遠東司令部　士兵

舊型的No.1 Mk.III步槍

使用舊型的P08個人裝備。

P08彈袋

卡其棉布上衣

P37彈袋

澳大利亞軍派遣1個師至馬來半島。

澳大利亞兵

闊邊軟帽

No.1 Mk.III步槍

《遠東司令部的個人裝備》

P08背包

飯盒

土工器具

水壺

《防暑帽》

一般值勤時使用。

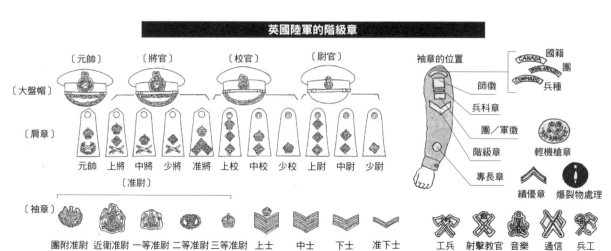

英國陸軍的階級章

	〔元帥〕	〔將官〕			〔校官〕			〔尉官〕		
〔大盤帽〕										
〔肩章〕	元帥	上將	中將	少將	准將	上校	中校	少校	上尉	中尉	少尉

〔准尉〕

〔袖章〕　團附准尉　近衛准尉　一等准尉　二等准尉　三等准尉　上士　中士　下士　准下士

袖章的位置

國籍　CANADA
團　ROYAL ARTILLERY
兵種　COMMANDO

師徽

兵科章

團／軍徽

階級章

專長章

輕機槍章

績優章　爆裂物處理

工兵　射擊教官　音樂　通信　兵工

海軍

英國海軍歷史悠久，包括制服與工作服在內的軍裝，
會依階級與任務區分各種樣式。

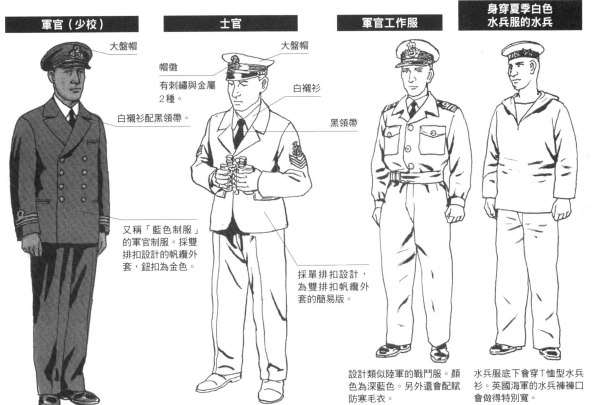

軍官（少校）

大盤帽

又稱「藍色制服」的軍官制服。採雙排扣設計的帆纜外套，鈕扣為金色。

士官

大盤帽

帽徽
有刺繡與金屬2種。

白襯衫配黑領帶。

白襯衫

黑領帶

採單排扣設計，為雙排扣帆纜外套的簡易版。

軍官工作服

設計類似陸軍的戰鬥服。顏色為深藍色。另外還會配賦防寒毛衣。

身穿夏季白色水兵服的水兵

水兵服底下會穿T恤型水兵衫。英國海軍的水兵褲褲口會做得特別寬。

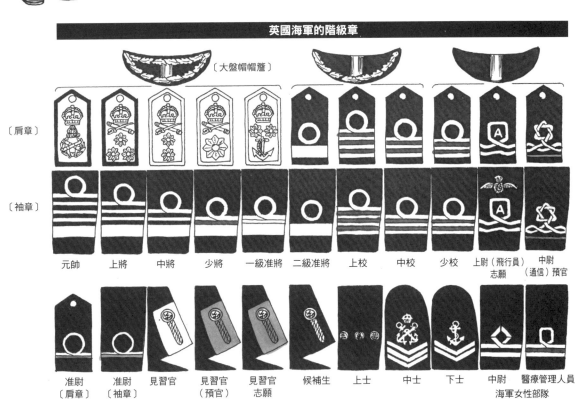

英國海軍的階級章

〔大盤帽帽簷〕

〔肩章〕

〔袖章〕

| 元帥 | 上將 | 中將 | 少將 | 一級准將 | 二級准將 | 上校 | 中校 | 少校 | 上尉（飛行員）志願 | 中尉（通信）預官 |

| 准尉〔肩章〕 | 准尉〔袖章〕 | 見習官 | 見習官（預官） | 見習官志願 | 候補生 | 上士 | 中士 | 下士 | 中尉海軍女性部隊 | 醫療管理人員 |

空軍

英國空軍在不列顛戰役與空襲德國本土等航空作戰中展現身手，
空勤機組員會穿上各種裝備升空出擊。

《 著空軍軍常服的飛行員 》

戰鬥機飛行員大多會直接在灰藍色軍常
服上穿著降落傘套帶與救生衣出擊。

《 機組員用飛行衣 》

穿在軍常服外層，據說戰鬥機飛行員
不太喜歡這樣穿。

《 身穿羊皮飛行夾克的飛行員 》

高空用防寒飛行夾克。除轟炸機組員之
外，戰鬥機飛行員也會在冬季使用。

英國以外的官兵會
縫上國籍章。

軍官的階級章位
於袖口。兵／士
官則在上臂。

M1936飛行靴

飛行帽

《 C-2座墊型降落傘 》

戰鬥機用的座
墊型降落傘。
降落傘包會充
當座墊使用。

降落傘套帶

降落傘包

《 M1932救生衣 》

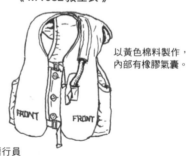

以黃色棉料製作，
內部有橡膠氣囊。

Mk.IV護目鏡
（附遮陽鏡）

《 B型飛行帽 》

有皮製與棉質等種
類，會依地區與季節
選用。

氧氣面罩（布製）

氧氣管

無線電訊號線

《 RAF志願飛行員徽章 》

為了補足飛行員數量，會將當時流亡英國的各國飛行員
以志願兵形式納編空軍，編組志願航空隊。

捷克

波蘭

挪威

自由法國

荷蘭

比利時

《 身穿羊皮飛行夾克的空勤機組員 》

B型飛行帽　　　　　　　Mk.IV 護目鏡

降落傘套帶為胸扣式。

羊皮飛行夾克
以羊毛皮製成的防寒夾克。

《 以軍常服搭配飛行裝備的空勤機組員 》

用於轟炸機的胸扣式
降落傘套帶

降落傘包

《 身穿熱帶軍常服的空軍中尉 》

軍官的階級章
為肩章。

《 4 口袋型軍常服 》
大盤帽、制服皆為
灰藍色。

《 P37 戰鬥服 》
空軍款式以灰藍色
布料製成。

英國空軍的階級章

大盤帽用帽徽	金屬帽徽	一級准尉
上校	上尉	二級准尉
中校	中尉	上士
少校	少尉	中士

飛行員徽

領航員徽

空勤人員徽

下士

蘇軍

第一次世界大戰後，蘇聯陸軍在俄羅斯革命引發的內戰與干涉戰爭下應運而生。其軍裝在1935年至1943年間共經過三次大規模修定，曾一度廢除沙俄時代的款式，但又重拾部分設計，於戰時體制下不斷變化。最能象徵二次大戰蘇聯士兵的Gymnastyorka立領軍服，也是在這個時期獲得採用。

二戰開戰時　1939～1941年的步兵

蘇聯陸軍官兵在開戰當時使用的軍裝，是在1935年大規模修定時制定的軍裝。從蘇芬戰爭一直使用到德蘇戰緒戰期。

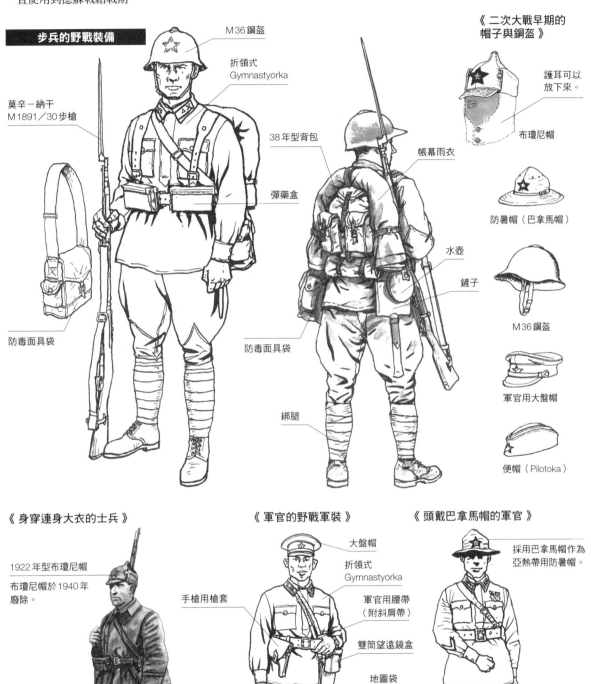

步兵的野戰裝備

M36鋼盔

折領式 Gymnastyorka

莫辛－納干 M1891／30步槍

38年型背包

帳幕雨衣

彈藥盒

水壺

鏟子

防毒面具袋

防毒面具袋

綁腿

《二次大戰早期的帽子與鋼盔》

護耳可以放下來。

布瓊尼帽

防暑帽（巴拿馬帽）

M36鋼盔

軍官用大盤帽

便帽（Pilotoka）

《身穿連身大衣的士兵》

1922年型布瓊尼帽

布瓊尼帽於1940年廢除。

《軍官的野戰軍裝》

大盤帽

折領式 Gymnastyorka

手槍用槍套

軍官用腰帶（附斜肩帶）

雙筒望遠鏡盒

地圖袋

《頭戴巴拿馬帽的軍官》

採用巴拿馬帽作為亞熱帶用防暑帽。

1943年以後的步兵

為了鼓舞官兵士氣，1943年的服制改定在被服上重新採用肩章等沙俄時代設計。由於採用了M40鋼盔並普及長靴，使得軍人樣貌煥然一新。

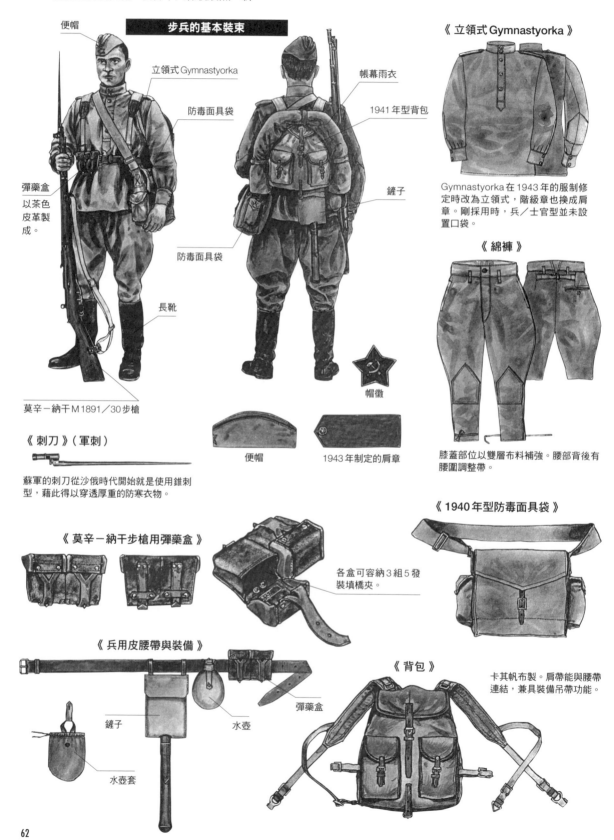

步兵的基本裝束

便帽

立領式 Gymnastyorka

防毒面具袋

彈藥盒以茶色皮革製成。

長靴

莫辛－納干 M1891／30步槍

帳幕雨衣

1941 年型背包

鏟子

防毒面具袋

帽徽

便帽

1943 年制定的肩章

《刺刀》（軍刺）

蘇軍的刺刀從沙俄時代開始就是使用錐刺型，藉此得以穿透厚重的防寒衣物。

《立領式 Gymnastyorka》

Gymnastyorka 在 1943 年的服制修定時改為立領式，階級章也換成肩章。剛採用時，兵／士官型並未設置口袋。

《綿褲》

膝蓋部位以雙層布料補強。腰部背後有腰圍調整帶。

《莫辛－納干步槍用彈藥盒》

各盒可容納3組5發裝填橋夾。

《1940 年型防毒面具袋》

《兵用皮腰帶與裝備》

鏟子

水壺

彈藥盒

水壺套

《背包》

卡其帆布製。肩帶能與腰帶連結，兼具裝備吊帶功能。

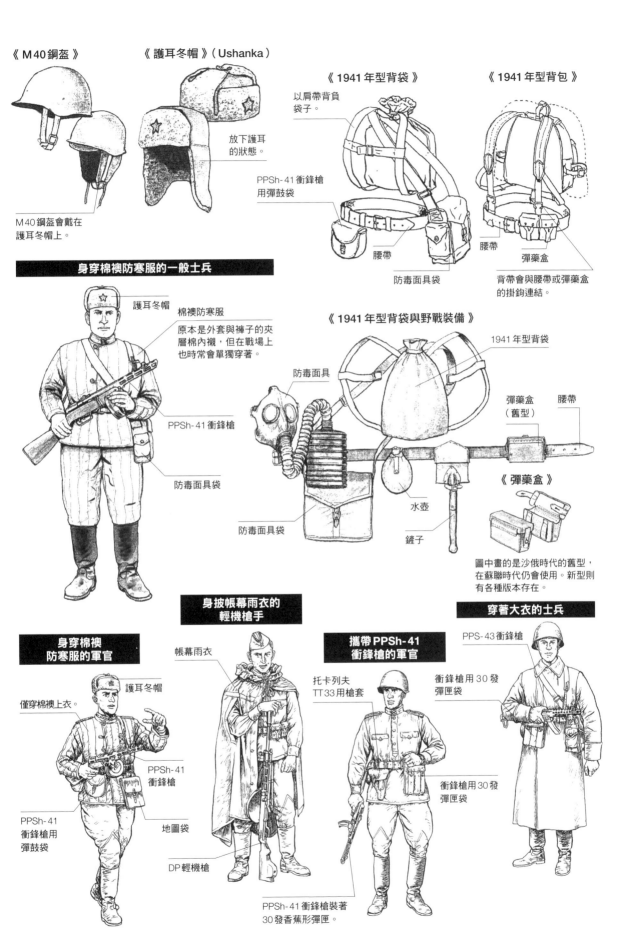

《M40 鋼盔》

《護耳冬帽》（Ushanka）

放下護耳的狀態。

M40 鋼盔會戴在護耳冬帽上。

《1941 年型背袋》

以肩帶背負袋子。

PPSh-41 衝鋒槍用彈鼓袋

腰帶

防毒面具袋

《1941 年型背包》

腰帶

彈藥盒

背帶會與腰帶或彈藥盒的掛鉤連結。

身穿棉襖防寒服的一般士兵

護耳冬帽

棉襖防寒服

原本是外套與褲子的夾層棉內襯，但在戰場上也時常會單獨穿著。

PPSh-41 衝鋒槍

防毒面具袋

《1941 年型背袋與野戰裝備》

1941 年型背袋

防毒面具

彈藥盒（舊型）

腰帶

防毒面具袋

水壺

鏟子

《彈藥盒》

圖中畫的是沙俄時代的舊型，在蘇聯時代仍會使用。新型則有各種版本存在。

身穿棉襖防寒服的軍官

護耳冬帽

僅穿棉襖上衣。

PPSh-41 衝鋒槍

PPSh-41 衝鋒槍用彈鼓袋

身披帳幕雨衣的輕機槍手

帳幕雨衣

地圖袋

DP 輕機槍

PPSh-41 衝鋒槍裝著 30 發香蕉形彈匣。

攜帶 PPSh-41 衝鋒槍的軍官

托卡列夫 TT33 用槍套

衝鋒槍用 30 發彈匣袋

穿著大衣的士兵

PPS-43 衝鋒槍

衝鋒槍用 30 發彈匣袋

裝甲兵

裝甲兵的軍裝是從1930年代開始出現專用設計，在二次大戰之前已制定出適合野戰的軍裝。
然而，德蘇戰卻在軍裝統整完畢之前開打，因此造成生產與補給上的混亂。有鑑於此，包括大
戰期間制定的樣式在內，會有各種不同版本存在。

1930年代的裝甲兵

《 身穿大衣的中校 》

布瓊尼帽

折領式 Gymnastyorka
軍常服

《 1939年諾門罕事變的軍裝 》

巴拿馬帽

1935年制定的
Gymnastyorka

《 1939年秋季的裝甲兵 》

戰車帽

折領式
Gymnastyorka

《 1939年 陸軍技術本部員 》

便帽

身穿棉質連身服。

1931年採用
的早期皮製戰
車帽。

棉質連身服
顏色有紺色、
黑色、灰色等。

裝甲兵皮外套

《 1936～1940年　陸軍少校 》

儀禮用制服

《 1930年代早期的裝甲兵 》

《 1936～1940年　裝甲部隊上校 》

1941 年以後的裝甲兵

《 親衛裝甲部隊大尉 》

《 裝甲兵的標準裝束 》

戰車帽

身穿卡其色
連身服。

有護目鏡的戰車帽

身穿立領式
Gymnastyorka。

冬季用戰車帽

底下穿折領式
Gymnastyorka。

身穿皮製外套。

灰藍色連身服

裝甲車輛乘員用
連身服，顏色與
版型有許多不同
版本。

護耳冬帽

穿著大衣。

身穿立領式
Gymnastyorka。

身著防寒外套。

《 1944 年冬季
裝甲部隊少尉 》

身著軍常服。

《 1943 年秋季　親衛裝甲部隊少校 》

《 1941 年秋季　身穿野戰服裝的裝甲部隊少將 》

《 裝甲部隊上尉 》

《 二次大戰期間使用的各種戰車帽 》

戰車帽會以黑色皮革或是卡其色、黑色布料製作，雖然基本設計皆同，但在頭部緩衝墊形狀、顎帶固定法、後腦杓尺寸調節帶等細節上會有差異。

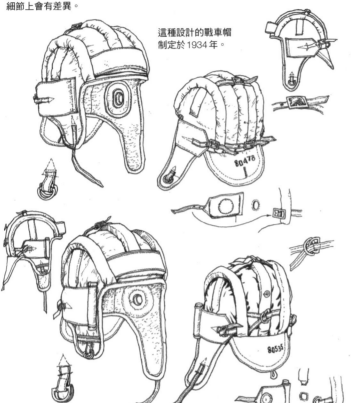

這種設計的戰車帽制定於1934年。

《 戰車帽的攜行範例 》

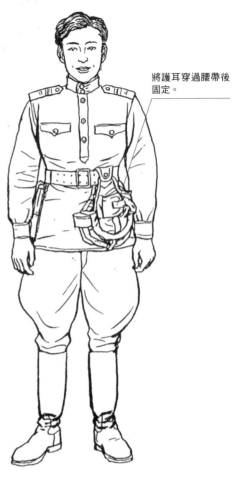

將護耳穿過腰帶後固定。

《 防塵護目鏡 》

護目鏡從簡易型到飛行用都有，會使用各種不同類型。

《 身穿棉襖防寒上衣的裝甲兵 》

棉襖防寒上衣

由於棉襖防寒服在狹窄的戰車內部比穿外套等衣物更容易活動，因此裝甲兵也會穿。

連身服

《 手持戰車帽的軍官 》

大盤帽上戴著護目鏡。

《 1945年柏林戰役的裝甲兵 》

黑色皮夾克
僅部分部隊使用。

狙擊兵

二次大戰時期的蘇軍狙擊兵能以寡擊眾，阻滯德軍部隊進擊，特別是在史達林格勒等城鎮戰中最能發揮威力。除此之外，狙擊兵中也有為數不少的女性士兵，成為名留青史的巾幗英雄。

《 德蘇戰早期的狙擊兵 》

穿上兼具偽裝功能的帳幕雨衣。

包上偽裝布的莫辛－納干M1891／30狙擊槍。

《 穿上迷彩連身服的狙擊兵 》

「阿米巴」迷彩花紋。

使用裝上 OP 型 M1940狙擊鏡的托卡列夫 SVT-40 半自動步槍。

《 身穿雪地迷彩服的女性狙擊兵 》

《 1943 年的庫斯克會戰的女性狙擊兵 》

裝上 PE 狙擊鏡的莫辛－納干M1891／30狙擊槍

迷彩連身服

《 身穿軍常服的女性狙擊兵 》

在防寒被服上穿用白色雪地迷彩服。

Gymnastyorka的女用款式。

靴子為羊毛氈防寒靴。

步兵科以外的士兵

步兵、裝甲兵以外的傘兵部隊、偵察部隊、工兵部隊等官兵的野戰服，基本上皆與步兵部隊相同，但也會使用特有裝備。另外，在列寧格勒等戰役，也有以海軍水兵編組而成的海軍步兵參與陸上戰鬥。

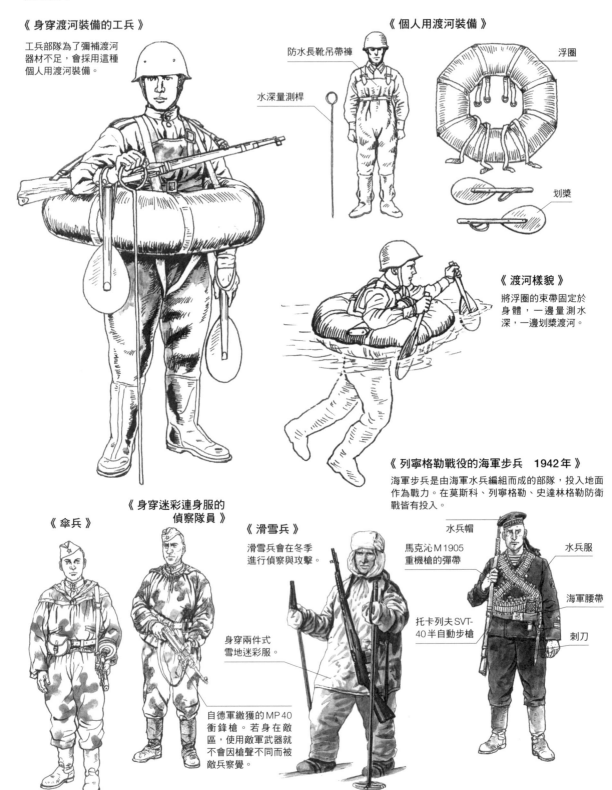

《 身穿渡河裝備的工兵 》

工兵部隊為了彌補渡河器材不足，會採用這種個人用渡河裝備。

《 個人用渡河裝備 》

防水長靴吊帶褲

水深量測桿

浮圈

划槳

《 渡河樣貌 》

將浮圈的束帶固定於身體，一邊量測水深，一邊划槳渡河。

《 列寧格勒戰役的海軍步兵　1942 年 》

海軍步兵是由海軍水兵編組而成的部隊，投入地面作為戰力。在莫斯科、列寧格勒、史達林格勒防衛戰皆有投入。

《 傘兵 》

《 身穿迷彩連身服的偵察隊員 》

《 滑雪兵 》

滑雪兵會在冬季進行偵察與攻擊。

身穿兩件式雪地迷彩服。

自德軍繳獲的 MP40 衝鋒槍。若身在敵區，使用敵軍武器就不會因槍聲不同而被敵兵察覺。

水兵帽

馬克沁 M1905 重機槍的彈帶

托卡列夫 SVT-40 半自動步槍

水兵服

海軍腰帶

刺刀

《 身穿1935年制定的Gymnastyorka
搭配馬褲的軍官 》

《 頭戴大盤帽，
身穿1943年式Gymnastyorka的軍官 》

《 身穿軍官用皮製大衣的軍官 》

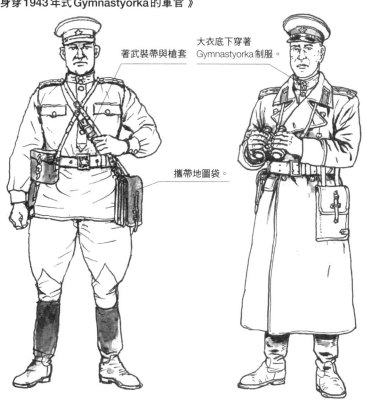

著武裝帶與槍套

大衣底下穿著
Gymnastyorka制服。

攜帶地圖袋。

納干M1895
轉輪手槍用槍套

Sharovary
馬褲

蘇聯陸軍的階級章

〔軍官〕

〔兵〕

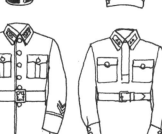

領章底色為兵科色。
大盤帽的帽牆也是兵
科色。

樹莓紅色＝步兵
紅色＝裝甲
黑色＝工兵
藍色＝騎兵

階級章改成肩章
式，肩章的顏色
為兵科色，並會
加上兵科章。

《 1935～1942年 》

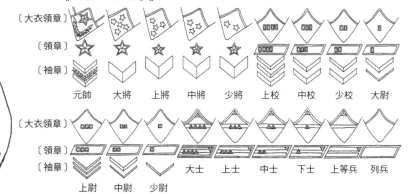

〔大衣領章〕								
〔領章〕								
〔袖章〕								
元帥	大將	上將	中將	少將	上校	中校	少校	大尉

〔大衣領章〕							
〔領章〕							
〔袖章〕			大士	上士	中士	下士	上等兵	列兵
上尉	中尉	少尉					

《 1943年以後 》

| 〔肩章〕 | | | | | | | | | | | | |
| 元帥 | 大將 | 上將 | 中將 | 少將 | 上校 | 中校 | 少校 | 大尉 | 上尉 | 中尉 | 少尉 |

| 〔肩章〕 | | | | | |
| 大士 | 上士 | 中士 | 下士 | 上等兵 | 列兵 |

法軍

1930年代是各國軍裝進行轉變的時代，法國陸軍也將第一次世界大戰使用的「地平線藍」軍服統一換成更適用於野戰的卡其色調軍服。二次大戰爆發後，敗給德軍的法軍士兵逃往英國，編組自由法軍，換用美式或英式軍裝參與後半期大戰。

1939～1940年的陸軍步兵

二次大戰爆發的1939年，法軍的步兵軍裝仍採用一次大戰款式，或使用其改良版。即便到了1940年5月的法國戰役，所有軍裝幾乎也都沒有更新，僅憑舊式裝備應戰穿用最新裝備的德軍。

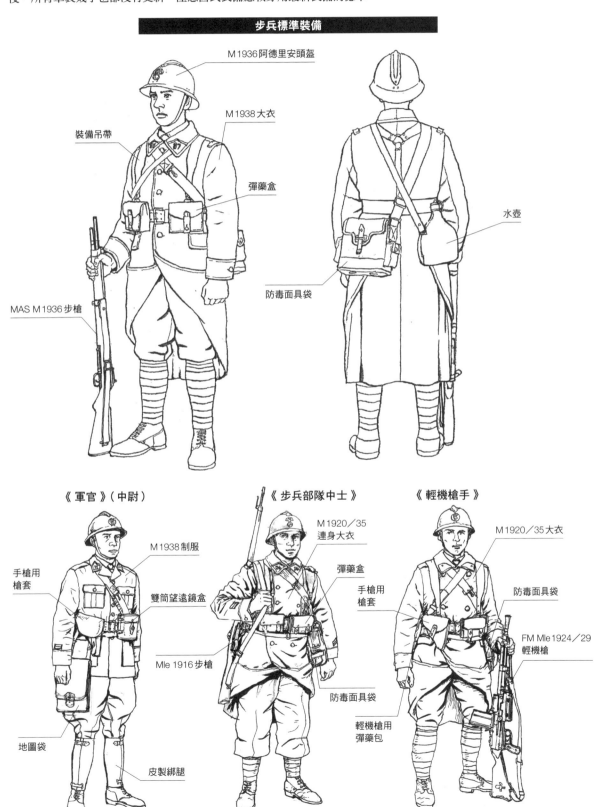

步兵標準裝備

- M1936阿德里安頭盔
- M1938大衣
- 裝備吊帶
- 彈藥盒
- MAS M1936步槍
- 防毒面具袋
- 水壺

《軍官》（中尉）
- M1938制服
- 手槍用槍套
- 雙筒望遠鏡盒
- 地圖袋
- 皮製綁腿

《步兵部隊中士》
- M1920／35連身大衣
- 彈藥盒
- 手槍用槍套
- Mle 1916步槍
- 防毒面具袋

《輕機槍手》
- M1920／35大衣
- 防毒面具袋
- FM Mle 1924／29輕機槍
- 輕機槍用彈藥包

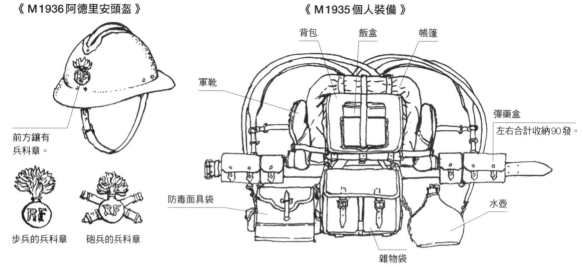

《M1936阿德里安頭盔》

前方鑲有
兵科章。

步兵的兵科章　　砲兵的兵科章

《M1935個人裝備》

背包　　飯盒　　帳篷

軍靴

彈藥盒
左右合計收納90發。

防毒面具袋

水壺

雜物袋

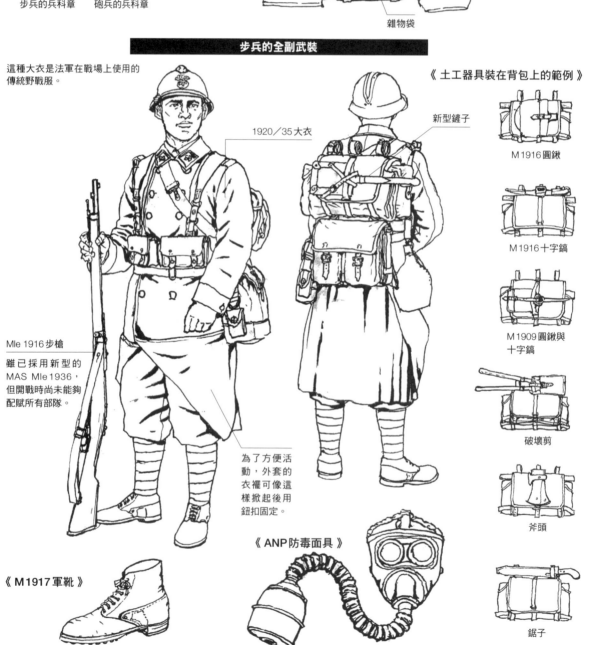

步兵的全副武裝

這種大衣是法軍在戰場上使用的
傳統野戰服。

1920／35大衣

Mle 1916步槍
雖已採用新型的
MAS Mle 1936，
但開戰時尚未能夠
配賦所有部隊。

為了方便活
動，外套的
衣襬可像這
樣掀起後用
鈕扣固定。

《M1917軍靴》

《ANP防毒面具》

《土工器具裝在背包上的範例》

新型鏟子

M1916圓鍬

M1916十字鎬

M1909圓鍬與
十字鎬

破壞剪

斧頭

鋸子

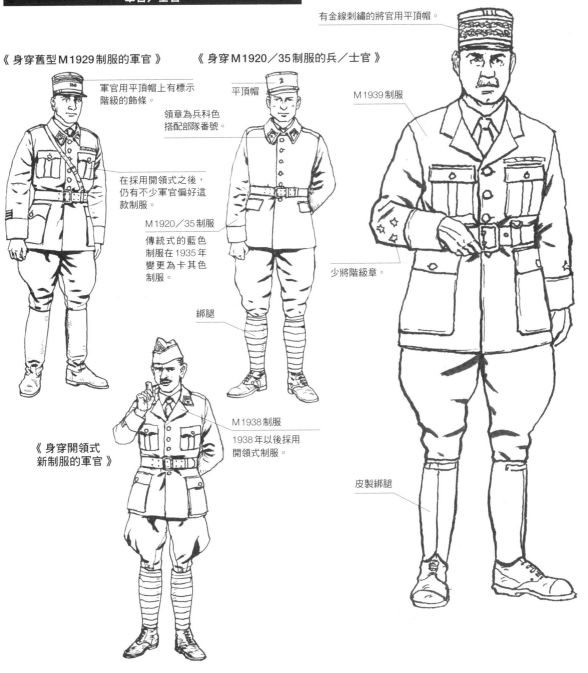

軍官／士官

《身穿舊型M1929制服的軍官》

軍官用平頂帽上有標示階級的飾條。

在採用開領式之後，仍有不少軍官偏好這款制服。

《身穿開領式新制服的軍官》

M1938制服
1938年以後採用開領式制服。

《身穿M1920／35制服的兵／士官》

平頂帽

領章為兵科色搭配部隊番號。

M1920／35制服

傳統式的藍色制服在1935年變更為卡其色制服。

綁腿

《將官》（少將）

有金線刺繡的將官用平頂帽。

M1939制服

少將階級章。

皮製綁腿

平頂帽的識別章

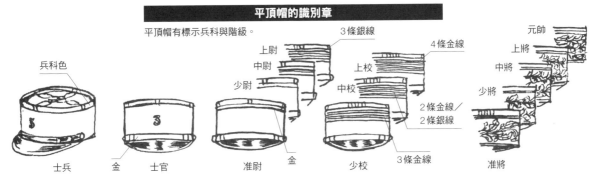

平頂帽有標示兵科與階級。

兵科色

士兵

金 士官

准尉

金

3條銀線

上尉
中尉
少尉

少校

3條金線

上校
中校

4條金線

2條金線／2條銀線

元帥
上將
中將
少將

准將

73

陸軍阿爾卑斯山獵兵

阿爾卑斯山獵兵是為了保衛阿爾卑斯山脈地區的法國、義大利邊境，於1888年編組而成的部隊。由於部隊會在山區活動，因此除了戰鬥裝備之外，還會配賦防寒被服與登山、滑雪裝備。

阿爾卑斯山獵兵的軍裝

象徵阿爾卑斯部隊的深藍色扁帽。

MAS Mle 1936 步槍

M1940 連帽風衣

彈藥盒

《部隊徽章》

扁帽用

鋼盔用

《羊皮防寒夾克》

穿在連帽風衣底下的羊皮內襯。

《阿爾卑斯山獵兵的個人裝備》

水壺

圓鍬

M1940 背包

防毒面具

帳幕雨衣與毛毯

雜物袋

《M1940 背包》

背部有架子的背包。

《山岳綁腿》

《滑雪裝備的士兵》

護目鏡

滑雪板

套上盔布的鋼盔

山岳夾克

M1940 背包

防毒面具袋

滑雪杖

《山岳靴》

可裝上冰刀。

《身穿山岳連帽上衣的士兵》

鋼盔會套上盔布偽裝。

山岳連帽上衣
卡其色與白色的兩面布料。

罩褲
卡其色與白色的兩面布料。

裝甲車輛乘員

從戰間期的1920年代開始到二次大戰之前，法軍配備包含輕戰車到重戰車在內的多款戰車，編組裝甲部隊。1935年對軍服進行修定，裝甲兵也有領到新式軍裝。此外，除了戰車部隊，以摩托車等載具進行機械化的部隊成員也會使用與裝甲車輛乘員相同的被服與裝備。

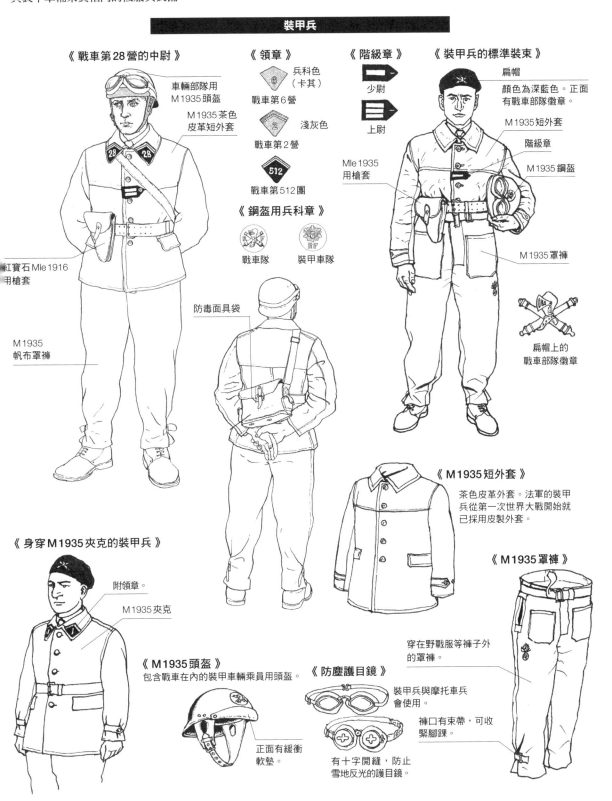

裝甲兵

《戰車第28營的中尉》
- 車輛部隊用 M1935頭盔
- M1935茶色皮革短外套
- 紅寶石Mle1916 用槍套
- M1935 帆布罩褲

《領章》
- 兵科色（卡其） 戰車第6營
- 淺灰色 戰車第2營
- 戰車第512團

《鋼盔用兵科章》
- 戰車隊
- 裝甲車隊

《階級章》
- 少尉
- 上尉

《裝甲兵的標準裝束》
- 扁帽 顏色為深藍色。正面有戰車部隊徽章。
- M1935短外套
- 階級章
- Mle1935 用槍套
- M1935鋼盔
- M1935罩褲
- 扁帽上的戰車部隊徽章

防毒面具袋

《身穿M1935夾克的裝甲兵》
- 附領章。
- M1935夾克

《M1935頭盔》
包含戰車在內的裝甲車輛乘員用頭盔。
- 正面有緩衝軟墊

《防塵護目鏡》
- 裝甲兵與摩托車兵會使用。
- 有十字開縫，防止雪地反光的護目鏡。

《M1935短外套》
茶色皮革外套。法軍的裝甲兵從第一次世界大戰開始就已採用皮製外套。

《M1935罩褲》
- 穿在野戰服等褲子外的罩褲。
- 褲口有束帶，可收緊腳踝。

《套上盔布的M1935頭盔》

《著野戰軍裝的摩托車兵》

摩托車兵也使用
M1935頭盔。

圍巾　護目鏡

遮住階級章
的蓋子

M1935
手套

褲子內側有做
補強。

以圍巾覆蓋口鼻。

騎乘時會把外套的領子
立起，並以袢帶固定，
用以擋風、防塵。

裝在防水套裡的FM
Mle1924／29輕機槍。

M1938大衣

彈藥盒

防毒面具袋

《側掛車機槍手》

頭盔鑲有步兵科
徽章。

防毒面具袋的
肩帶。

在短外套外穿著
M1935披風。

《M1938大衣》

以防水帆布製作。

《身穿帆布外套的車輛部隊士兵》

在M1936亞德里安
頭盔上戴有護目鏡

彈藥盒

刺刀

《M1935手套》

配賦車輛乘員的茶色
皮革騎車手套。

MAS
Mle1936步槍

防毒面具袋　　水壺

外籍兵團與殖民地軍

法軍除本土部隊之外，還有駐海外部隊，以及由殖民地居民組成的殖民地部隊。法國投降後，這些位在法國境外的殖民地部隊改由德國操控的維琪政權管轄，但在盟軍登陸北非後便投奔盟軍陣營，轉頭對付德軍。

外籍部隊

《外籍兵團第13團的士兵
1940年挪威納爾維克戰役》

卡其色扁帽

MAS Mle 1936 步槍

山岳戰鬥裝備。
身穿防寒、防水
羊皮夾克。

彈藥盒

MAS Mle 1936 步槍

《北非戰線的外籍部隊士兵》

平頂帽

裝備吊帶

上下衣著及個人裝備
與法軍相同。

彈藥盒

雜物袋

長筒襪、綁腿、軍靴
皆使用英軍用品。

卡其色平頂帽是外籍部隊的象徵，
會套上白色罩布。此外，他們也會
使用英軍的 Mk.II 鋼盔。

彈藥盒

水壺

《1945年亞爾薩斯地區的外籍部隊士兵》

M1 鋼盔

M1 步槍

自北非轉戰至義大
利、法國的部隊，
裝備來自美軍。

《熱帶用棉質帆布制服》

外籍部隊在1940年6月法國投降之後分
成兩派，分別投靠流亡英國的自由法軍以
及維琪政權。1942年11月，維琪政權法
軍在北非宣告停戰，自此之後所有外籍部
隊便加入盟軍陣營作戰。

M 1938 夾克

《 祖瓦斯團的士兵 》

1831 年以阿爾及利亞人為主體編制而成的部隊。二次大戰期間仍使用傳統式制服。野戰裝備與本土法軍相同。

身穿深藍色底搭配紅色刺繡的上衣。

紅色褲裙

Mle 1916 卡賓槍

《 塞內加爾狙擊兵團的士兵 》

塞內加爾狙擊兵團主要是以塞內加爾人編制而成。阿爾及利亞人與塞內加爾士兵戴的軍帽是紅色的土耳其帽,野戰時會套上卡其色罩布,戰鬥時也會使用鋼盔。

M 1916 步槍

淺卡其色熱帶制服

雙排扣制服

飾帶(猩紅色)

開山刀

《 著法國陸軍野戰軍裝的摩洛哥人士兵 》

摩洛哥人部隊從 1940 年開始在北非與義大利軍作戰,後來和自由法軍會師,於義大利戰線活動。

《 祖瓦斯團的熱帶用軍常服 》

飾帶(深藍色)

MAS Mle 1936 步槍

《 自由法軍摩洛哥團士兵 》

M 1903 步槍

裝備來自美軍。

身穿民族服裝「Djellaba」。

自由法軍　1944年

自由法軍是在法國投降之際逃往英國的本土士兵，編制包括外籍部隊與殖民地士兵。除此之外，在盟軍登陸北非後，阿爾及利亞等殖民地也有一些部隊脫離維琪政府加入自由法軍。由於自由法軍接受美國與英國支援，因此軍裝也變成美式或英式。

自由法軍的士兵

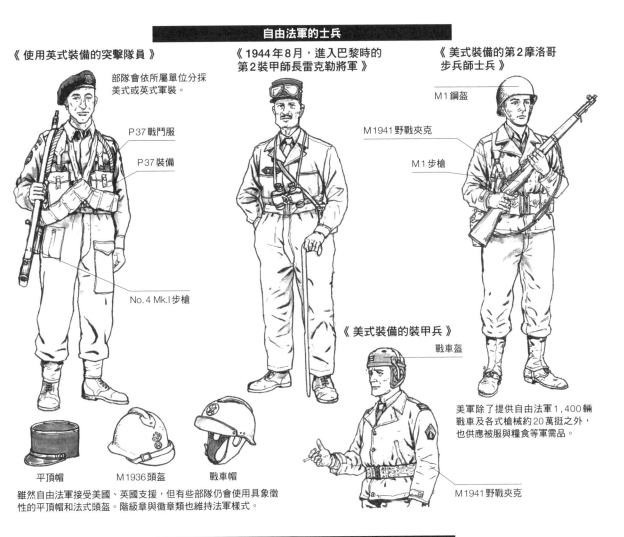

《 使用英式裝備的突擊隊員 》

部隊會依所屬單位分採美式或英式軍裝。

P37戰鬥服
P37裝備
No.4 Mk.I步槍

《 1944年8月，進入巴黎時的第2裝甲師長雷克勒將軍 》

《 美式裝備的第2摩洛哥步兵師士兵 》

M1鋼盔
M1941野戰夾克
M1步槍

《 美式裝備的裝甲兵 》

戰車盔

美軍除了提供自由法軍1,400輛戰車及各式槍械約20萬挺之外，也供應被服與糧食等軍需品。

M1941野戰夾克

平頂帽
M1936頭盔
戰車帽

雖然自由法軍接受美國、英國支援，但有些部隊仍會使用具象徵性的平頂帽和法式頭盔。階級章與徽章類也維持法軍樣式。

法國陸軍的階級章

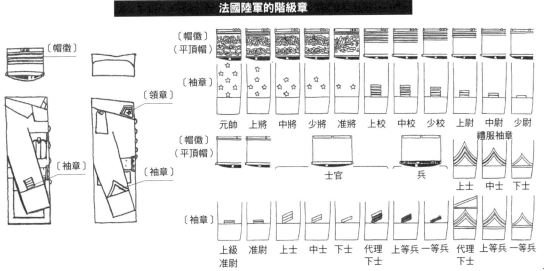

〔帽徽〕
〔帽徽〕（平頂帽）
〔領章〕
〔袖章〕
〔袖章〕

| 元帥 | 上將 | 中將 | 少將 | 准將 | 上校 | 中校 | 少校 | 上尉 | 中尉 | 少尉 |

禮服袖章
上士　中士　下士

〔帽徽〕（平頂帽）
士官
兵

〔袖章〕

| 上級准尉 | 准尉 | 上士 | 中士 | 下士 | 代理下士 | 上等兵 | 一等兵 | 代理下士 | 上等兵 | 一等兵 |

其他同盟國軍

說起二次大戰的盟軍，一般都會先想到美軍、英軍、蘇軍。

然而，除了這三個國家以外，也有許多國家在1942年1月簽署同盟國共同宣言，加入同盟國陣營，共同對付軸心國軍。這些盟軍又是穿著怎樣的軍裝呢？以下要介紹在二次大戰緒戰期敗給軸心國軍的歐洲各國軍裝，以及大英國協和中國的軍裝。

加拿大軍

加拿大是大英國協的成員國，因此二次大戰爆發後便加入盟軍參戰。
加拿大軍的戰鬥服幾乎與英軍相同，但卻是在加拿大製造，卡其布料
的色調會比英國還要綠一些。

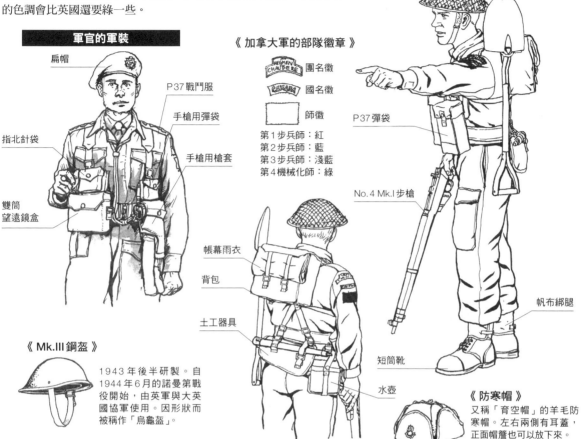

陸軍士兵的基本裝束

- Mk.II 鋼盔
- 圓鍬裝在背包側面。
- P37 彈袋
- No.4 Mk.I 步槍
- 帆布綁腿
- 短筒靴

軍官的軍裝

- 扁帽
- P37 戰鬥服
- 手槍用彈袋
- 指北針袋
- 手槍用槍套
- 雙筒望遠鏡盒

《加拿大軍的部隊徽章》

- REGIMEN CHAUDIERE 團名徽
- CANADA 國名徽
- 師徽

第1步兵師：紅
第2步兵師：藍
第3步兵師：淺藍
第4機械化師：綠

- 帳幕雨衣
- 背包
- 土工器具
- 水壺

《Mk.III 鋼盔》

1943 年後半研製。自
1944 年 6 月的諾曼第戰
役開始，由英軍與大英
國協軍使用。因形狀而
被稱作「烏龜盔」。

《防寒帽》

又稱「育空帽」的羊毛防
寒帽。左右兩側有耳蓋，
正面帽簷也可以放下來。

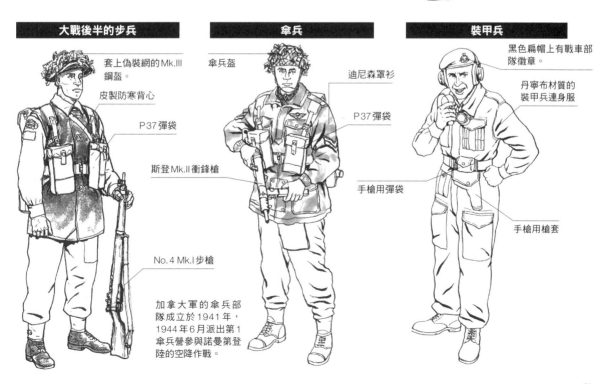

大戰後半的步兵

- 套上偽裝網的Mk.III鋼盔。
- 皮製防寒背心
- P37 彈袋
- No.4 Mk.I 步槍

加拿大軍的傘兵部
隊成立於1941年，
1944年6月派出第1
傘兵營參與諾曼第登
陸的空降作戰。

傘兵

- 傘兵盔
- 迪尼森罩衫
- P37 彈袋
- 斯登 Mk.II 衝鋒槍
- 手槍用彈袋

裝甲兵

- 黑色扁帽上有戰車部隊徽章。
- 丹寧布材質的裝甲兵連身服
- 手槍用槍套

澳大利亞軍

澳大利亞也是大英國協成員之一，1939年9月對德國宣戰。之後，澳大利亞軍於北非戰線、義大利戰線、太平洋戰線作戰，在戰爭結束前共派遣40萬人。軍裝為英國式。

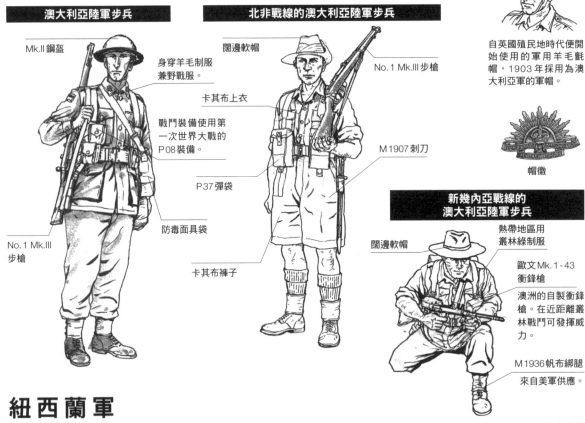

《闊邊軟帽》

自英國殖民地時代便開始使用的軍用羊毛氈帽，1903年採用為澳大利亞軍的軍帽。

帽徽

澳大利亞陸軍步兵

Mk.II 鋼盔

身穿羊毛制服兼野戰服。

卡其布上衣

戰鬥裝備使用第一次世界大戰的P08裝備。

P37彈袋

防毒面具袋

No.1 Mk.III 步槍

北非戰線的澳大利亞陸軍步兵

闊邊軟帽

No.1 Mk.III步槍

M1907刺刀

卡其布褲子

新幾內亞戰線的澳大利亞陸軍步兵

闊邊軟帽

熱帶地區用叢林綠制服

歐文Mk.1-43衝鋒槍

澳洲的自製衝鋒槍。在近距離叢林戰鬥可發揮威力。

M1936帆布綁腿

來自美軍供應。

紐西蘭軍

身為大英國協成員的紐西蘭，也在歐洲、義大利、北非、太平洋等戰線派遣陸軍參戰。該國軍裝同樣以英國陸軍為準。

太平洋戰線的澳大利亞士兵，除卡其色之外，也會使用綠色棉質野戰服。另外，他們也有接受美國支援，有些部隊會領到美製戰鬥裝備。

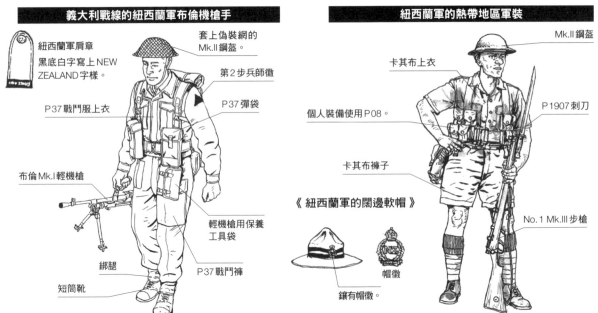

義大利戰線的紐西蘭軍布倫機槍手

紐西蘭軍肩章黑底白字寫上NEW ZEALAND字樣。

套上偽裝網的Mk.II鋼盔。

第2步兵師徽

P37戰鬥服上衣

P37彈袋

布倫Mk.I輕機槍

輕機槍用保養工具袋

綁腿

短筒靴

P37戰鬥褲

紐西蘭軍的熱帶地區軍裝

Mk.II 鋼盔

卡其布上衣

個人裝備使用P08。

P1907刺刀

卡其布褲子

No.1 Mk.III步槍

《紐西蘭軍的闊邊軟帽》

帽徽

鑲有帽徽。

南非軍

南非於1939年9月4日對德國宣戰，陸軍主要在北非戰線作戰。

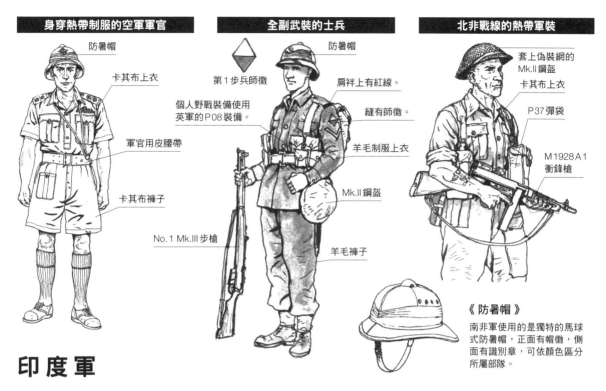

身穿熱帶制服的空軍軍官

- 防暑帽
- 卡其布上衣
- 軍官用皮腰帶
- 卡其布褲子

全副武裝的士兵

- 第1步兵師徽
- 防暑帽
- 肩祥上有紅線。
- 個人野戰裝備使用英軍的P08裝備。
- 縫有師徽。
- 羊毛制服上衣
- Mk.II鋼盔
- No.1 Mk.III步槍
- 羊毛褲子

北非戰線的熱帶軍裝

- 套上偽裝網的Mk.II鋼盔
- 卡其布上衣
- P37彈袋
- M1928A1衝鋒槍

《防暑帽》

南非軍使用的是獨特的馬球式防暑帽，正面有帽徽，側面有識別章，可依顏色區分所屬部隊。

印 度 軍

印度自1939年9月大戰爆發至1945年8月為止，共動員250萬官兵參戰。印度軍在中東、北非、義大利、緬甸戰線等處與軸心國軍作戰。

錫克教徒會纏上頭巾，且纏法依民族和地區有著多種不同變化。

廓爾喀兵主要使用闊邊軟帽。

第5印度步兵師士兵

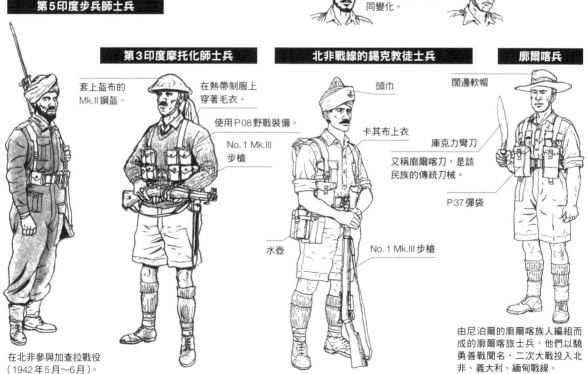

第5印度步兵師士兵

在北非參與加查拉戰役（1942年5月～6月）。

第3印度摩托化師士兵

- 套上盔布的Mk.II鋼盔。
- 在熱帶制服上穿著毛衣。
- 使用P08野戰裝備。
- No.1 Mk.III步槍

北非戰線的錫克教徒士兵

- 頭巾
- 卡其布上衣
- 水壺
- No.1 Mk.III步槍

廓爾喀兵

- 闊邊軟帽
- 庫克力彎刀
- 又稱廓爾喀刀，是該民族的傳統刀械。
- P37彈袋

由尼泊爾的廓爾喀族人編組而成的廓爾喀旅士兵，他們以驍勇善戰聞名，二次大戰投入北非、義大利、緬甸戰線。

波蘭軍

德軍發動閃擊戰，且蘇軍也自東方進攻，使波蘭在開戰約1月後便告投降。投降後，波蘭政府的部分內閣成員在英國成立流亡政府，編組自由波蘭軍（波蘭共和國）。國內仍有地下反抗組織持續對抗德軍，另有在蘇聯支援下成立，與倫敦政府抗衡的波蘭民族解放委員會（盧布林政府），他們也成立波蘭軍團與德軍作戰。

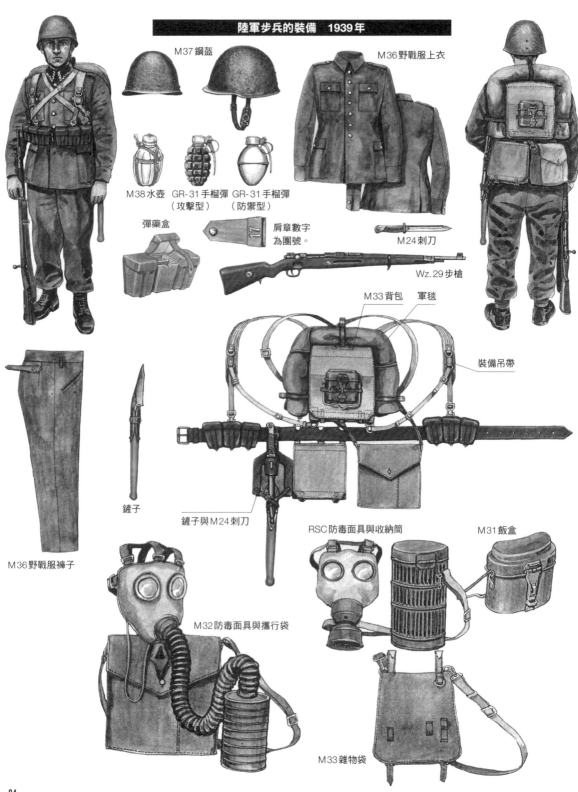

陸軍步兵的裝備　1939年

M37鋼盔

M36野戰服上衣

M38水壺　GR-31手榴彈（攻擊型）　GR-31手榴彈（防禦型）

彈藥盒

肩章數字為團號。

M24刺刀

Wz.29步槍

M33背包　軍毯

裝備吊帶

鏟子

鏟子與M24刺刀

RSC防毒面具與收納筒　M31飯盒

M36野戰服褲子

M32防毒面具與攜行袋

M33雜物袋

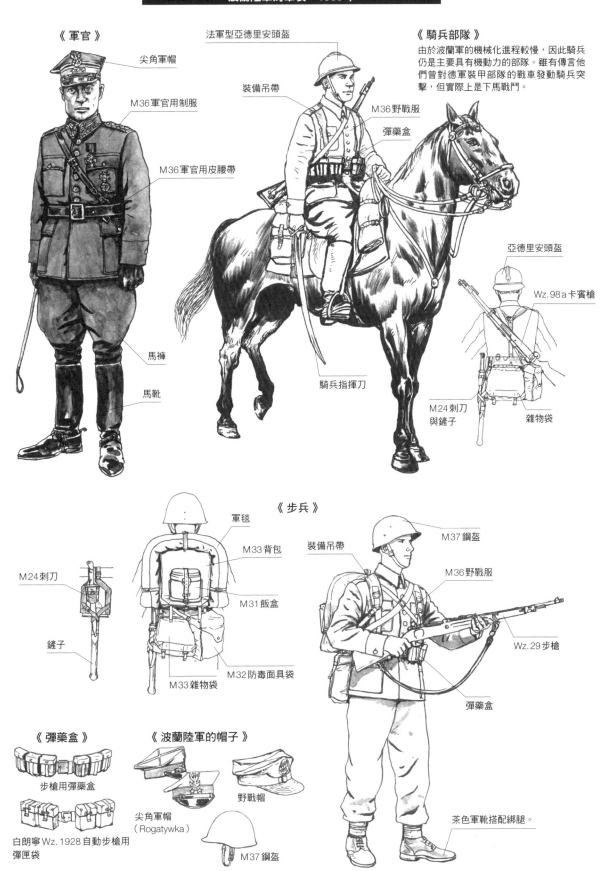

《軍官》

尖角軍帽

M36軍官用制服

M36軍官用皮腰帶

馬褲

馬靴

法軍型亞德里安頭盔

裝備吊帶

M36野戰服

彈藥盒

騎兵指揮刀

《騎兵部隊》

由於波蘭軍的機械化進程較慢，因此騎兵仍是主要具有機動力的部隊。雖有傳言他們曾對德軍裝甲部隊的戰車發動騎兵突擊，但實際上是下馬戰鬥。

亞德里安頭盔

Wz.98a卡賓槍

M24刺刀與鏟子

雜物袋

《步兵》

M24刺刀

鏟子

軍毯

M33背包

M31飯盒

M33雜物袋

M32防毒面具袋

裝備吊帶

M37鋼盔

M36野戰服

Wz.29步槍

彈藥盒

《彈藥盒》

步槍用彈藥盒

白朗寧Wz.1928自動步槍用彈匣袋

《波蘭陸軍的帽子》

尖角軍帽（Rogatywka）

野戰帽

M37鋼盔

茶色軍靴搭配綁腿。

《波蘭軍團使用的
蘇軍M40鋼盔》

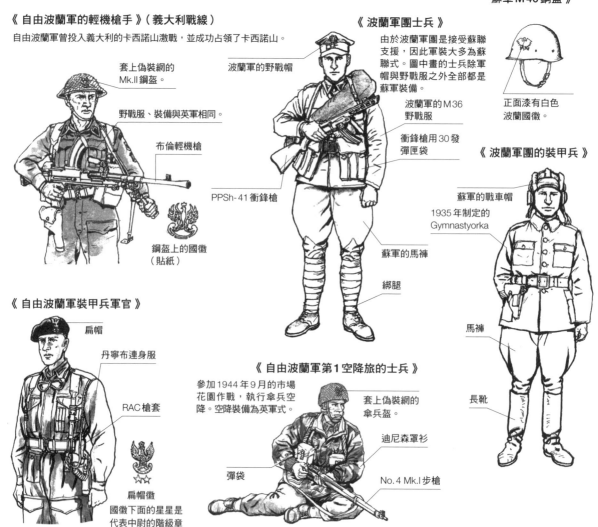

《自由波蘭軍的輕機槍手》（義大利戰線）

自由波蘭軍曾投入義大利的卡西諾山激戰，並成功占領了卡西諾山。

套上偽裝網的
Mk.II鋼盔。

野戰服、裝備與英軍相同。

布倫輕機槍

鋼盔上的國徽
（貼紙）

《波蘭軍團士兵》

由於波蘭軍團是接受蘇聯
支援，因此軍裝大多為蘇
聯式。圖中畫的士兵除軍
帽與野戰服之外全部都是
蘇軍裝備。

波蘭軍的野戰帽

波蘭軍的M36
野戰服

衝鋒槍用30發
彈匣袋

PPSh-41衝鋒槍

蘇軍的馬褲

綁腿

正面漆有白色
波蘭國徽。

《波蘭軍團的裝甲兵》

蘇軍的戰車帽

1935年制定的
Gymnastyorka

馬褲

長靴

《自由波蘭軍裝甲兵軍官》

扁帽

丹寧布連身服

RAC槍套

扁帽徽
國徽下面的星星是
代表中尉的階級章

《自由波蘭軍第1空降旅的士兵》

參加1944年9月的市場
花園作戰，執行傘兵空
降。空降裝備為英軍式。

套上偽裝網的
傘兵盔。

迪尼森罩衫

彈袋

No.4 Mk.I步槍

波蘭陸軍的階級章

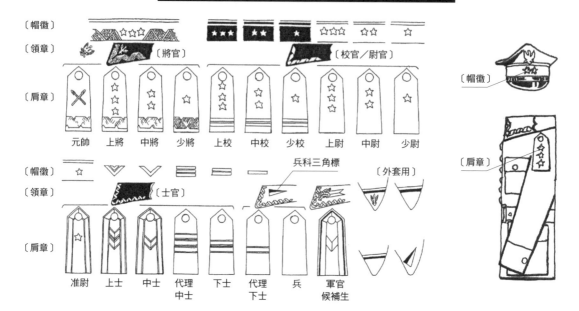

〔帽徽〕
〔領章〕　〔將官〕　〔校官／尉官〕

〔肩章〕

元帥	上將	中將	少將	上校	中校	少校	上尉	中尉	少尉

〔帽徽〕
〔領章〕　〔士官〕　兵科三角標　〔外套用〕

〔肩章〕

准尉	上士	中士	代理中士	下士	代理下士	兵	軍官候補生

〔帽徽〕

〔肩章〕

比利時軍

比利時軍曾在邊境集結18萬兵力防備德軍，當德軍於1940年5月10日展開西方閃擊戰時，比利時軍雖有抵抗，但仍於5月28日投降。

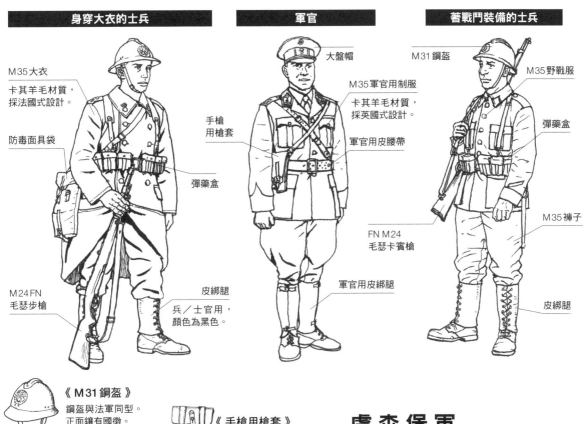

身穿大衣的士兵

M35大衣
卡其羊毛材質，採法國式設計。

防毒面具袋

M24 FN
毛瑟步槍

軍官

大盤帽

M35軍官用制服
卡其羊毛材質，採英國式設計。

手槍用槍套

軍官用皮腰帶

彈藥盒

FN M24
毛瑟卡賓槍

軍官用皮綁腿

皮綁腿
兵／士官用，顏色為黑色。

著戰鬥裝備的士兵

M31鋼盔

M35野戰服

彈藥盒

M35褲子

皮綁腿

《M31鋼盔》
鋼盔與法軍同型。
正面鑲有國徽。

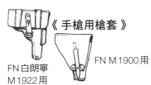

《手槍用槍套》

FN白朗寧
M1922用

FN M1900用

盧森堡軍

採非武裝中立的盧森堡，於1940年5月10日遭德軍入侵，隔天便被占領。

比利時陸軍的階級章

〔帽徽〕	將官	上校	校官	尉官	准尉

〔領章〕	中將	少將	上校（砲兵）	上校	中校	少校	高級上尉	上尉	中尉	少尉

〔領章〕〔袖章〕	高級准尉	准尉	士官長	上士	中士	下士	一等兵	士官〔領章〕〔肩章〕	軍官〔領章〕〔肩章〕

步兵

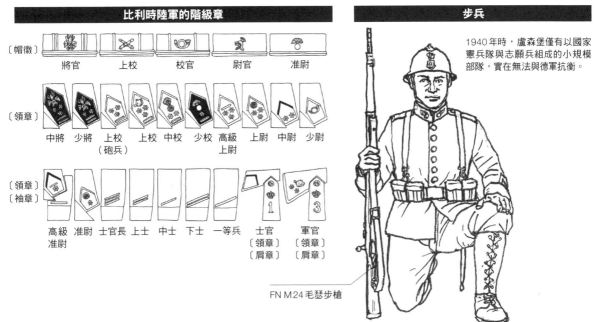

1940年時，盧森堡僅有以國家憲兵隊與志願兵組成的小規模部隊，實在無法與德軍抗衡。

FN M24毛瑟步槍

丹麥軍

1940年4月9日，丹麥遭受德軍地面部隊與傘兵部隊攻擊。雖然丹麥軍奮勇抵抗，
但在傍晚便告投降，遭到占領。

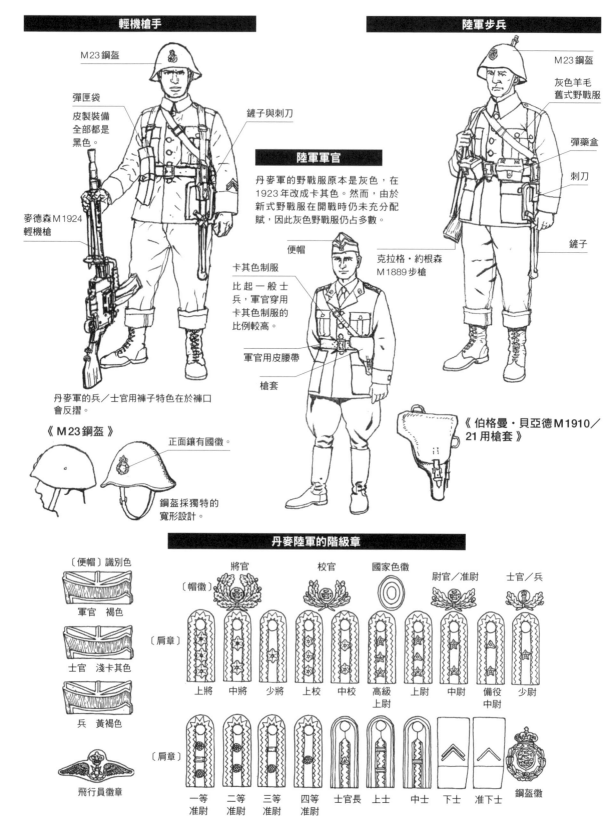

輕機槍手

M23鋼盔

彈匣袋
皮製裝備
全部都是
黑色。

鏟子與刺刀

麥德森M1924
輕機槍

丹麥軍的兵／士官用褲子特色在於褲口
會反摺。

《M23鋼盔》

正面鑲有國徽。

鋼盔採獨特的
寬形設計。

陸軍軍官

丹麥軍的野戰服原本是灰色，在
1923年改成卡其色。然而，由於
新式野戰服在開戰時仍未充分配
賦，因此灰色野戰服仍占多數。

便帽

卡其色制服

比起一般士
兵，軍官穿用
卡其色制服的
比例較高。

軍官用皮腰帶

槍套

克拉格・約根森
M1889步槍

《伯格曼・貝亞德M1910／
21用槍套》

陸軍步兵

M23鋼盔

灰色羊毛
舊式野戰服

彈藥盒

刺刀

鏟子

丹麥陸軍的階級章

〔便帽〕識別色

軍官 褐色

士官 淺卡其色

兵 黃褐色

飛行員徽章

〔帽徽〕

〔肩章〕

將官			校官		國家色徽	尉官／准尉		士官／兵
上將	中將	少將	上校	中校	高級上尉	上尉	中尉	少尉
							備役中尉	

〔肩章〕

一等准尉	二等准尉	三等准尉	四等准尉	士官長	上士	中士	下士	准下士	鋼盔徽

荷蘭軍

與比利時、盧森堡一起遭到德軍攻擊的荷蘭，在二次大戰爆發至德軍入侵時，共編制有23個步兵師。然而，他們的重砲與裝甲車輛不僅型式老舊，且數量也不多。戰鬥自5月10日開打，雖然荷蘭軍在各處進行抵抗，但仍於5月17日投降。

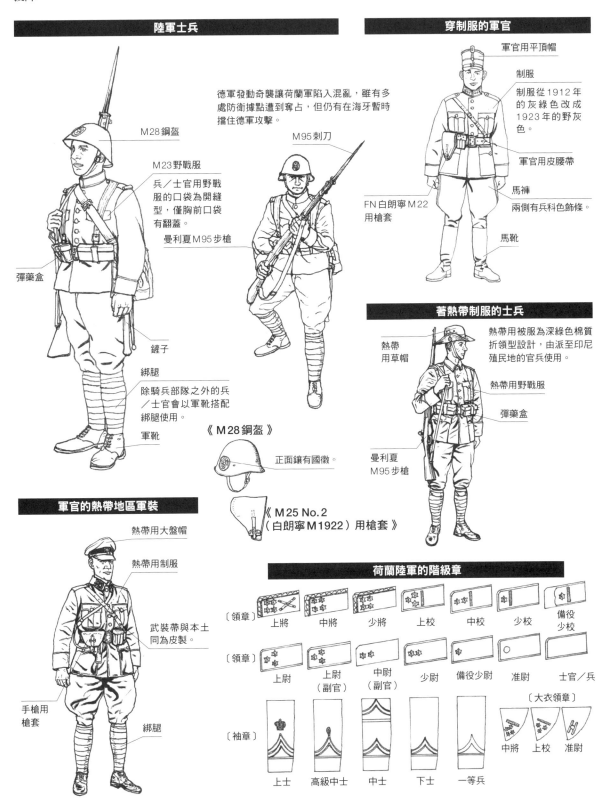

陸軍士兵

M28鋼盔

德軍發動奇襲讓荷蘭軍陷入混亂，雖有多處防衛據點遭到奪占，但仍有在海牙暫時擋住德軍攻擊。

M95刺刀

M23野戰服

兵／士官用野戰服的口袋為開縫型，僅胸前口袋有翻蓋。

曼利夏M95步槍

彈藥盒

FN白朗寧M22用槍套

鏟子

綁腿

除騎兵部隊之外的兵／士官會以軍靴搭配綁腿使用。

軍靴

《M28鋼盔》

正面鑲有國徽。

《M25 No.2（白朗寧M1922）用槍套》

穿制服的軍官

軍官用平頂帽

制服

制服從1912年的灰綠色改成1923年的野灰色。

軍官用皮腰帶

馬褲

兩側有兵科色飾條。

馬靴

著熱帶制服的士兵

熱帶用被服為深綠色棉質折領型設計，由派至印尼殖民地的官兵使用。

熱帶用草帽

熱帶用野戰服

彈藥盒

曼利夏M95步槍

軍官的熱帶地區軍裝

熱帶用大盤帽

熱帶用制服

武裝帶與本土同為皮製。

手槍用槍套

綁腿

荷蘭陸軍的階級章

〔領章〕 上將　中將　少將　上校　中校　少校　備役少校

〔領章〕 上尉　上尉（副官）　中尉（副官）　少尉　備役少尉　准尉　士官／兵

〔大衣領章〕 中將　上校　准尉

〔袖章〕 上士　高級中士　中士　下士　一等兵

挪威軍

1940年4月9日，遭受德軍攻擊的挪威，在英軍協助下進行抵抗。然而，英軍卻在5月10日德軍入侵法國後撤退，使兵力居居劣勢的挪威軍於6月10日投降。

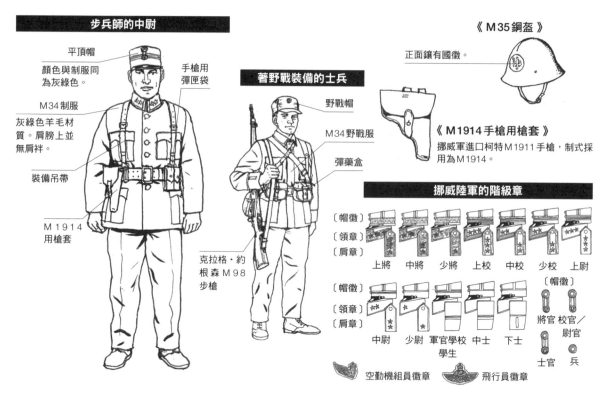

步兵師的中尉

- 平頂帽
- 顏色與制服同為灰綠色。
- M34制服
- 灰綠色羊毛材質。肩膀上並無肩袢。
- 裝備吊帶
- M1914用槍套
- 手槍用彈匣袋

著野戰裝備的士兵

- 野戰帽
- M34野戰服
- 彈藥盒
- 克拉格·約根森M98步槍

《M35鋼盔》

正面鑲有國徽。

《M1914手槍用槍套》

挪威軍進口柯特M1911手槍，制式採用為M1914。

挪威陸軍的階級章

〔帽徽〕〔領章〕〔肩章〕

上將　中將　少將　上校　中校　少校　上尉

中尉　少尉　軍官學校學生　中士　下士

〔帽徽〕　將官　校官／尉官

士官　兵

空勤機組員徽章　飛行員徽章

希臘軍

希臘於1940年10月遭義大利軍入侵，但卻成功擊退。然而，翌年4月6日又遭德軍入侵時，卻無法抵擋德軍攻擊，在大英國協軍撤退後，於4月30日投降。

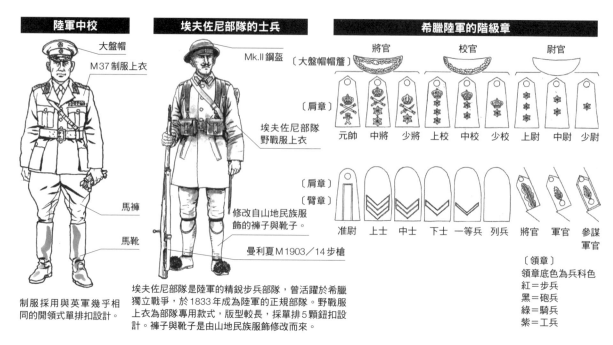

陸軍中校

- 大盤帽
- M37制服上衣
- 馬褲
- 馬靴

制服採用與英軍幾乎相同的開領式單排扣設計。

埃夫佐尼部隊的士兵

- Mk.II鋼盔
- 埃夫佐尼部隊野戰服上衣
- 修改自山地民族服飾的褲子與靴子。
- 曼利夏M1903／14步槍

埃夫佐尼部隊是陸軍的精銳步兵部隊，曾活躍於希臘獨立戰爭，於1833年成為陸軍的正規部隊。野戰服上衣為部隊專用款式，版型較長，採單排5顆鈕扣設計。褲子與靴子是由山地民族服飾修改而來。

希臘陸軍的階級章

	將官			校官			尉官		
〔大盤帽帽簷〕									
〔肩章〕	元帥	中將	少將	上校	中校	少校	上尉	中尉	少尉

〔肩章〕〔臂章〕						將官	軍官	參謀軍官
准尉	上士	中士	下士	一等兵	列兵			

〔領章〕

領章底色為兵科色
紅＝步兵
黑＝砲兵
綠＝騎兵
紫＝工兵

南斯拉夫軍

1941年3月27日，南斯拉夫的反納粹勢力發動政變，成立新政權。原本意圖拉攏該國加入軸心國的希特勒，因而對南斯拉夫改採強硬策略。同年4月6日，德軍開始發動空襲，並派裝甲部隊進攻，13日占領首都貝爾格勒，17日即控制全境。之後，王國政府流亡境外，組成南斯拉夫王國流亡政府持續抗戰。反抗游擊隊也在全境起義，於1943年建立南斯拉夫民主連邦，從事抵抗活動。

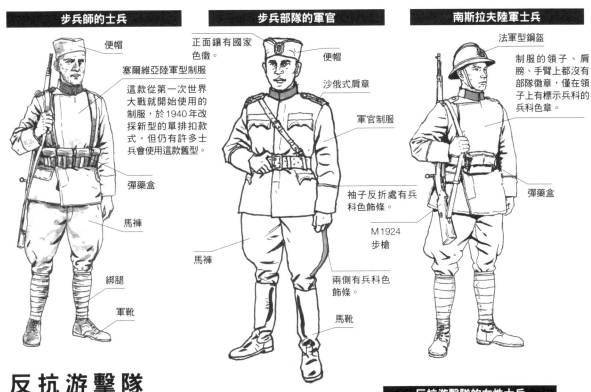

步兵師的士兵
- 便帽
- 塞爾維亞陸軍型制服
  - 這款從第一次世界大戰就開始使用的制服，於1940年改採新型的單排扣款式，但仍有許多士兵會使用這款舊型。
- 彈藥盒
- 馬褲
- 綁腿
- 軍靴

步兵部隊的軍官
- 正面鑲有國家色徽。
- 便帽
- 沙俄式肩章
- 軍官制服
- 袖子反折處有兵科色飾條。
- M1924 步槍
- 兩側有兵科色飾條。
- 馬褲
- 馬靴

南斯拉夫陸軍士兵
- 法軍型鋼盔
- 制服的領子、肩膀、手臂上都沒有部隊徽章，僅在領子上有標示兵科的兵科色章。
- 彈藥盒
- 綁腿

反抗游擊隊

由約瑟普‧布羅茲‧狄托領導的反抗游擊隊，以南斯拉夫軍的軍裝、盟軍的支援物資，以及繳獲的德軍兵器進行武裝。由於組織日益擴大，因此在1943年5月也採用了軍銜制度。

南斯拉夫陸軍的階級章

〔肩章〕〔袖章〕 　〔肩章〕 〔帽徽〕

元帥	上將	中將	少將	上校	中校	少校

軍帽 便帽 便帽
軍官 軍官 兵／士官

一級上尉	二級上尉	中尉	少尉	一等士官長	二等士官長	三等士官長	上士	中士	下士	兵

〔肩章〕

肩章滾邊為兵科色
紅＝步兵
黑＝砲兵
紫＝工兵
淺藍＝騎兵

反抗游擊隊的階級章

少校	中校	上校	少將	中將	上將	元帥

准下士	下士	中士	准尉	軍官候補生	少尉	中尉	上尉

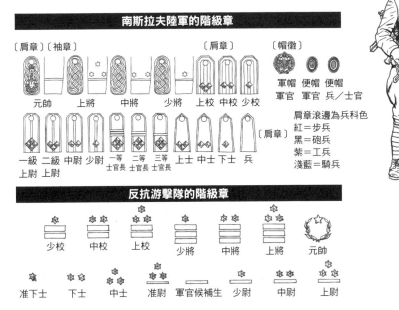

反抗游擊隊的女性士兵
部隊裡有許多女性，且會參與戰鬥。組織在1945年4月時規模已達80萬人。

直接穿著男用制服。

反抗游擊隊的士兵
使用南斯拉夫陸軍的軍服。

除了綁腿之外，也會穿長靴。

武器也是以南斯拉夫軍為主，包括德國、英國、美國等各國製品。

中華民國國民革命軍(國民黨軍)

接受德國支援的中國國民黨,於1933年自德國招聘由馮‧塞克特元帥帶領的軍事顧問團,並且引進最新兵器,藉此充實軍備。1930年代末,中國也從印度、法屬印度支那方面接受英國與法國的軍事援助。國軍便是靠著這些進口裝備和自製裝備與日軍作戰。

1937年淞滬會戰的第88師士兵

於淞滬會戰與日軍拚搏的國民革命軍精銳部隊。頭戴鋼盔的是蔣介石嫡系部隊,接受過正規訓練,戰鬥力相當高。

德製M35鋼盔

符號
(姓名、所屬部隊、階級)

彈藥盒

24式步槍
毛瑟標準型M1924
步槍的中國生產版。

階級章位於領子上。

部隊章(團級以上所屬部隊)

中國式裝備的士兵

沒領到德國進口裝備的部隊會使用自製裝備。

戰鬥帽

布製彈帶
也會纏在腰上。

M24手榴彈

手榴彈袋

《手榴彈袋》

掛在脖子上,可攜帶2枚手榴彈。

《刺刀》

使用德國製品或自製版本。

《防毒面具筒》

德式金屬材質容器,包含防毒面具在內皆有自製品。

軍裝為德國式。

圓鍬

雨衣

飯盒

軍毯

背包

防毒面具筒

刺刀

雜物袋　水壺

《戰鬥時使用的鞋子》

草鞋

布鞋

皮製軍靴

《水壺》

以背帶斜背攜行。也能固定在雜物袋上。

《戰鬥帽》

青天白日徽
國民黨的徽章。除戰鬥帽之外,也會噴塗在鋼盔上。

參考德軍的規格帽製成。

德製M35

英製Mk.II

法製亞德里安頭盔

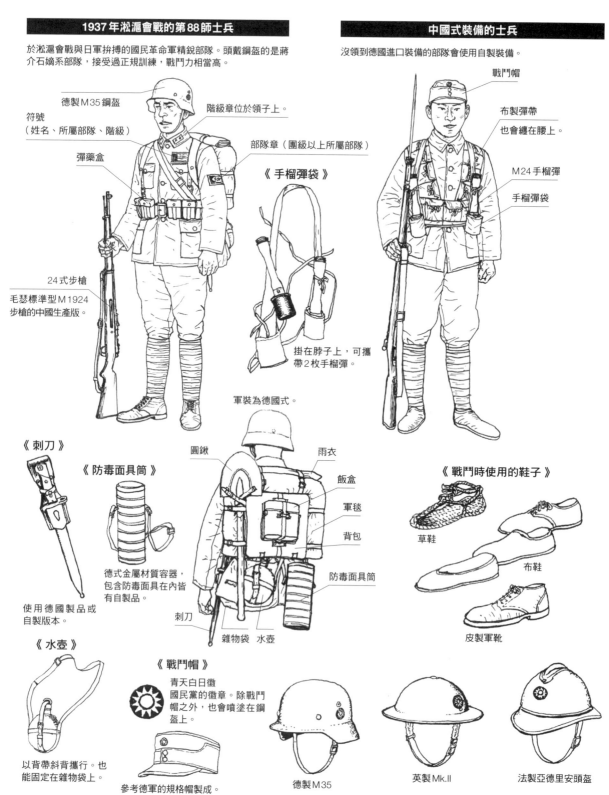

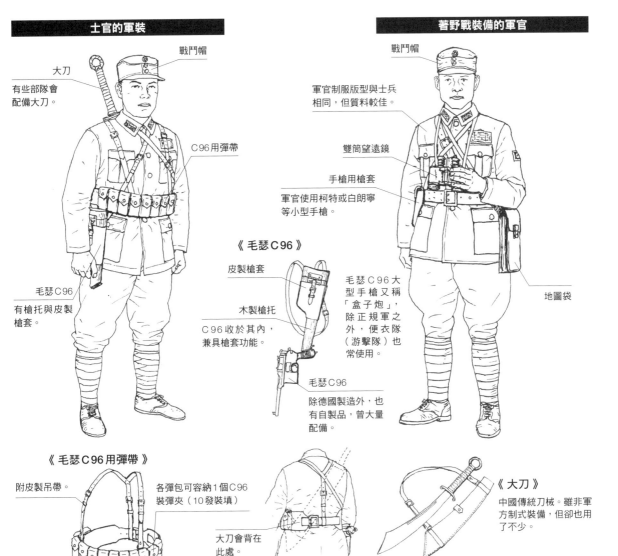

士官的軍裝

大刀
有些部隊會配備大刀。

戰鬥帽

C96用彈帶

毛瑟C96
有槍托與皮製槍套。

著野戰裝備的軍官

戰鬥帽

軍官制服版型與士兵相同，但質料較佳。

雙筒望遠鏡

手槍用槍套
軍官使用柯特或白朗寧等小型手槍。

地圖袋

《毛瑟C96》

皮製槍套

木製槍托
C96收於其內，兼具槍套功能。

毛瑟C96
除德國製造外，也有自製品，曾大量配備。

毛瑟C96大型手槍又稱「盒子炮」，除正規軍之外，便衣隊（游擊隊）也常使用。

《毛瑟C96用彈帶》

附皮製吊帶。

各彈包可容納1個C96裝彈夾（10發裝填）

大刀會背在此處。

《大刀》

中國傳統刀械。雖非軍方制式裝備，但卻也用了不少。

身穿軍常服的軍官

在司令部等後方穿著軍常服時，會使用直筒褲。有些高級軍官則會穿馬褲配長靴。

武裝帶

短劍

1930年代的裝甲兵

國民革命軍在1920年代末至1930年代早期，曾經從德國與英國進口裝甲車輛，並有部分投入與日軍的戰鬥。軍服和一般士兵無異。

皮製戰車帽

皮腰帶

手槍槍套

國民革命軍陸軍的階級章

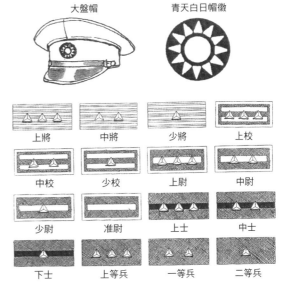

大盤帽

青天白日帽徽

上將	中將	少將	上校
中校	少校	上尉	中尉
少尉	准尉	上士	中士
下士	上等兵	一等兵	二等兵

雖然國民革命軍在德國的軍事援助下展開近代化，但大部分兵力仍屬地方軍閥的
私兵部隊，不僅各軍編制、訓練、裝備參差不齊，就連官兵素質也相差甚遠。

北方部隊的士兵

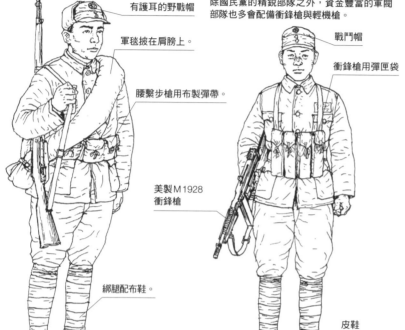

有護耳的野戰帽

軍毯披在肩膀上。

腰繫步槍用布製彈帶。

美製M1928
衝鋒槍

綁腿配布鞋。

配備衝鋒槍的北方部隊士兵

除國民黨的精銳部隊之外，資金豐富的軍閥
部隊也多會配備衝鋒槍與輕機槍。

戰鬥帽

衝鋒槍用彈匣袋

皮鞋

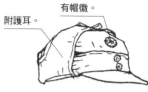

有帽徽。

附護耳。

北方部隊的野戰帽

也有附毛皮的野戰帽。

防寒帽

身穿夏季軍服的南方部隊士兵

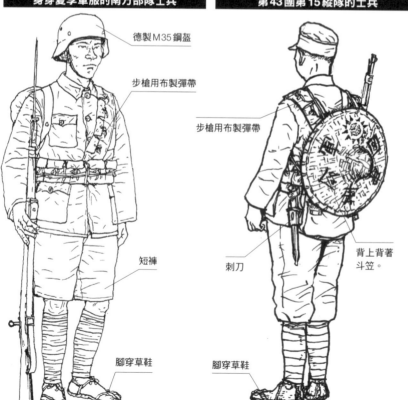

德製M35鋼盔

步槍用布製彈帶

短褲

腳穿草鞋

第43團第15縱隊的士兵

步槍用布製彈帶

刺刀

背上背著
斗笠。

腳穿草鞋

《 步槍用布製彈帶 》

《 ZB輕機槍用彈帶 》
可容納6個20發彈匣。

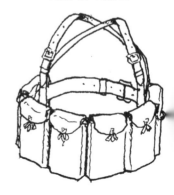

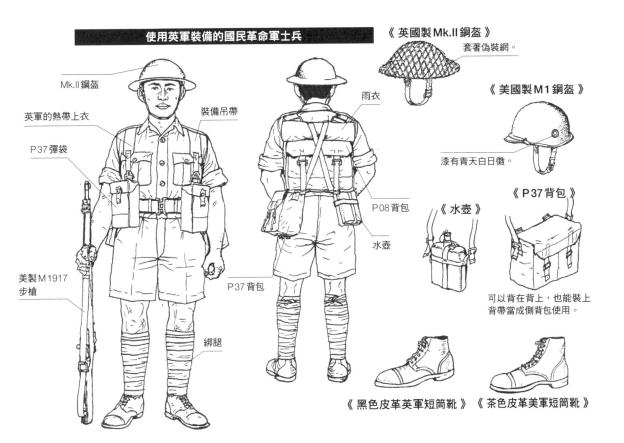

使用英軍裝備的國民革命軍士兵

Mk.II 鋼盔

英軍的熱帶上衣

P37 彈袋

美製 M1917 步槍

裝備吊帶

雨衣

P08 背包

水壺

P37 背包

綁腿

《 英國製 Mk.II 鋼盔 》
套著偽裝網。

《 美國製 M1 鋼盔 》
漆有青天白日徽。

《 水壺 》

《 P37 背包 》
可以背在背上，也能裝上背帶當成側背包使用。

《 黑色皮革英軍短筒靴 》 **《 茶色皮革美軍短筒靴 》**

著美軍裝備的士兵

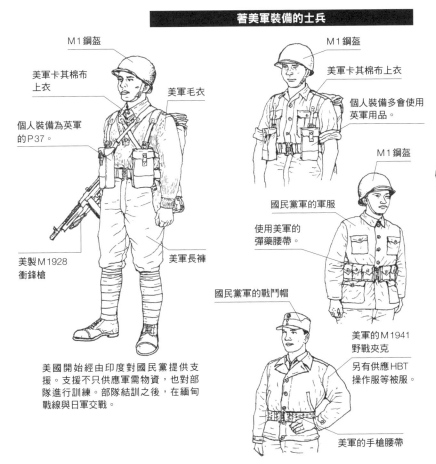

M1 鋼盔

美軍卡其棉布上衣

美軍毛衣

個人裝備為英軍的 P37。

美製 M1928 衝鋒槍

美軍長褲

美國開始經由印度對國民黨提供支援。支援不只供應軍需物資，也對部隊進行訓練。部隊結訓之後，在緬甸戰線與日軍交戰。

M1 鋼盔

美軍卡其棉布上衣

個人裝備多會使用英軍用品。

M1 鋼盔

國民黨軍的軍服

使用美軍的彈藥腰帶。

國民黨軍的戰鬥帽

美軍的 M1941 野戰夾克

另有供應 HBT 操作服等被服。

美軍的手槍腰帶

著美軍裝備的裝甲兵

戰車盔與護目鏡

連身操作服

手槍腰帶

印度、緬甸方面的國民黨軍，在 1944 年之後自美軍獲得 M3 輕戰車與 M4 中戰車，編組戰車營。

中國人民解放軍

中國共產黨於1927年組織「中國工農紅軍」(紅軍),開始與蔣介石的國軍對抗。之後,國民黨與共產黨展開第二次國共合作(1937年),暫時停止內戰,組成抗日統一戰線。在華北方面活動的中國工農紅軍納入國民政府指揮,成為國民革命軍第八路軍(「路」表示地區,代表第八方面軍)。共產黨軍擅長打游擊戰,是日軍難纏的對手。

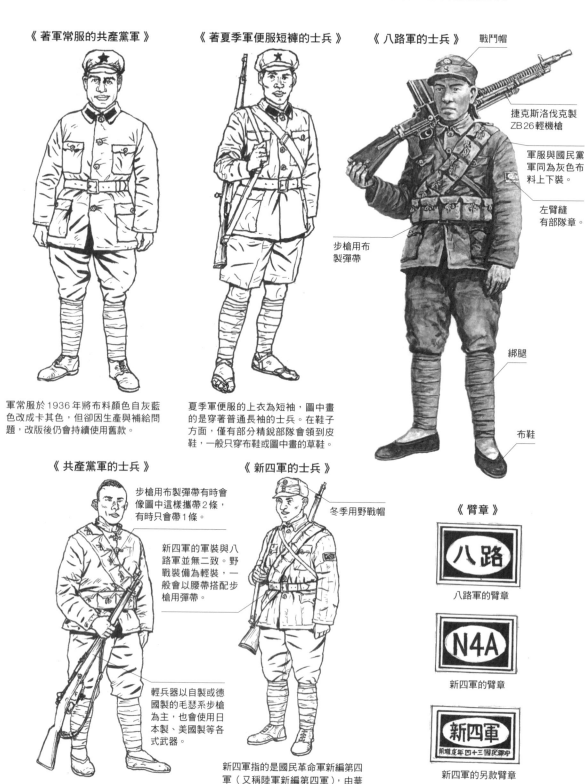

《著軍常服的共產黨軍》

軍常服於1936年將布料顏色自灰藍色改成卡其色,但卻因生產與補給問題,改版後仍會持續使用舊款。

《著夏季軍便服短褲的士兵》

夏季軍便服的上衣為短袖,圖中畫的是穿著普通長袖的士兵。在鞋子方面,僅有部分精銳部隊會領到皮鞋,一般只穿布鞋或圖中畫的草鞋。

《八路軍的士兵》

戰鬥帽

捷克斯洛伐克製ZB26輕機槍

軍服與國民黨軍同為灰色布料上下裝。

左臂縫有部隊章。

步槍用布製彈帶

綁腿

布鞋

《共產黨軍的士兵》

步槍用布製彈帶有時會像圖中這樣攜帶2條,有時只會帶1條。

新四軍的軍裝與八路軍並無二致。野戰裝備為輕裝,一般會以腰帶搭配步槍用彈帶。

輕兵器以自製或德國製的毛瑟系步槍為主,也會使用日本製、美國製等各式武器。

《新四軍的士兵》

冬季用野戰帽

新四軍指的是國民革命軍新編第四軍(又稱陸軍新編第四軍),由華南地區的紅軍重新編組而成。

《臂章》

八路軍的臂章

N4A

新四軍的臂章

新四軍的另款臂章

軸心國的參戰國家

退出國際聯盟的日本、德國、義大利三個國家，於1937年11月締結日德義防共協定。接著，這三國又在二次大戰爆發後的1940年9月締結日德義三國同盟，組成軸心國軍。二次大戰開打後，在歐洲有匈牙利、羅馬尼亞、阿爾巴尼亞、保加利亞、芬蘭、斯洛伐克、克羅埃西亞、塞爾維亞、蒙特內哥羅、班都斯公國等國加盟，在亞洲則有滿州國、緬甸、越南、柬埔寨、寮國、菲律賓等國加入，形成軸心國。

◉ 日德義退出國際聯盟

第一次世界大戰後至第二次世界大戰開戰為止的戰間期，因世界經濟大恐慌（1929年）的關係，使各國經濟遭受打擊，社會陷入不安。進入1930年代之後，歐洲有阿道夫・希特勒打著重建德國、恢復疆域的旗號崛起，義大利的貝尼托・墨索里尼則著手擴張殖民地。至於亞洲，日本為了對抗歐美列強，持續擴大在中國的活動。

1931年9月18日，日本陸軍的關東軍在中國的滿州（東北地區）引發柳條湖事件，最後擴大為滿州事變，並於翌年3月建立了滿州國。對於日本的這種行徑，國際聯盟（以下簡稱國聯）總會決議日軍必須自滿州撤退，而反對此項決議的日本，於1933年3月27日決定退出國聯。

另一方面，德國的希特勒則要求打破凡爾賽體制與平等化裁軍條約，於1933年10月表明將退出國聯與裁軍條約。翌月德國國會改選之際，希特勒舉辦了退出國聯公投，並獲得多數贊成票，使德國正式退出國聯。

1935年10月，義大利的墨索里尼入侵了衣索比亞（第二次衣索比亞戰爭），並於翌年5月占領衣索比亞首都阿迪斯阿貝巴後，宣布併吞衣索比亞。國聯因此對入侵衣索比亞的義大利實施經濟制裁，導致義大利心生不滿，於1937年10月退出國聯。

基於以上理由，這3個國家陸續退出國聯，在國際社會陷入孤立，但由於它們都反對共產主義，因而相互產生聯結。

◉ 軸心國誕生

西班牙陸軍的法蘭西斯科・佛朗哥將軍對西班牙第二共和國政府發動政變，導致西班牙內戰於1936年7月爆發。

這場內戰有德國與義大利在背後對叛變的佛朗哥將軍提供軍事支援，墨索里尼與希特勒在11月締結合作關係。由於墨索里尼曾把德義合作比擬為世界軸心，稱其為「羅馬－柏林軸心」（教科書也會寫成「柏林－羅馬軸心」），因此德國與義大利就被稱作「軸心國」。

同月，日本與德國簽署日德防共協定，加入了軸心國。此協定將蘇聯視為假想敵國，約定兩國必須合作執行共同防衛，抵禦共產主義威脅。一年後的1937年11月，義大利也加入日德防共協定，使該協定成為日德義防共協定。之後，這三個國家的合作關係便於1940年9月發展成為軍事同盟。

◉ 軸心同盟

與德國、義大利簽署防共協定的日本，進一步推動此協定發展為軍事同盟。日本想藉與德國、義大利締結同盟，牽制美國、英國對中國提供援助。然而，由於德國要求此同盟必須加入參戰條款，因此在日本國內除了贊成締結同盟的陸軍主流派之外，仍有政治人物與部分海軍人士表示反對。當初原本是由反同盟派占優勢，但由於二次大戰在1939年爆發，且1940年法國便告投降，使得贊成派聲勢大漲，輿論也因此沸騰。同年9月27日，日本便與德國、義大利締結軍事同盟，也就是所謂的日德義三國同盟。

此後，在二次大戰期間，歐洲還有匈牙利、羅馬尼亞、阿爾巴尼亞、保加利亞、芬蘭、斯洛伐克、克羅埃西亞、塞爾維亞、蒙特內哥羅、班都斯公國、馬其頓公國、德國占領下的法國、希臘、挪威傀儡政權加入同盟，亞洲則有滿州國、蒙古聯合自治政府、中華民國（汪兆銘政府）、緬甸、越南、柬埔寨、寮國、菲律賓、自由印度臨時政府成為軸心國成員。

◉ 戰後的軸心國

軸心國在二次大戰結束前，陸續被盟軍解放或占領、解體。戰後成立的聯合國則制定敵國條款，將部分過去曾為軸心國的國家指定為「舊敵國」，包括日本、德國、義大利、匈牙利、保加利亞、羅馬尼亞、芬蘭，不許它們加入聯合國。

至於其他同盟國殖民地與在軸心國占領區成立的傀儡政權，則不適用敵國條款。除此之外，泰國因有從事抗日運動，所以也不被視為舊敵國。

德軍

德國軍裝繼承自19世紀的普魯士傳統並持續發展，到了1930年代，與各國相比，德國軍裝已相對較具實用性。用於二次大戰的陸海空軍及武裝親衛隊軍裝用品，不僅對軸心國軍帶來影響，甚至還影響到同盟國軍的軍裝。

步兵

二次大戰開戰時，德國陸軍使用的是M36野戰服，但隨著戰爭推進，也有出現提高生產性與力圖簡略化的款式。至於武裝親衛隊則會使用與陸軍相仿的軍服，搭配自有徽章。當戰場從歐洲擴大至極凍的蘇聯、酷熱的北非，德軍的軍裝也出現許多變化。

1939～1940年左右的步兵野戰軍裝

從波蘭戰役到西方戰役的陸軍步兵野戰基本裝束，穿戴M35鋼盔、M36野戰服、長筒靴，以及行軍使用的背包是其特色。

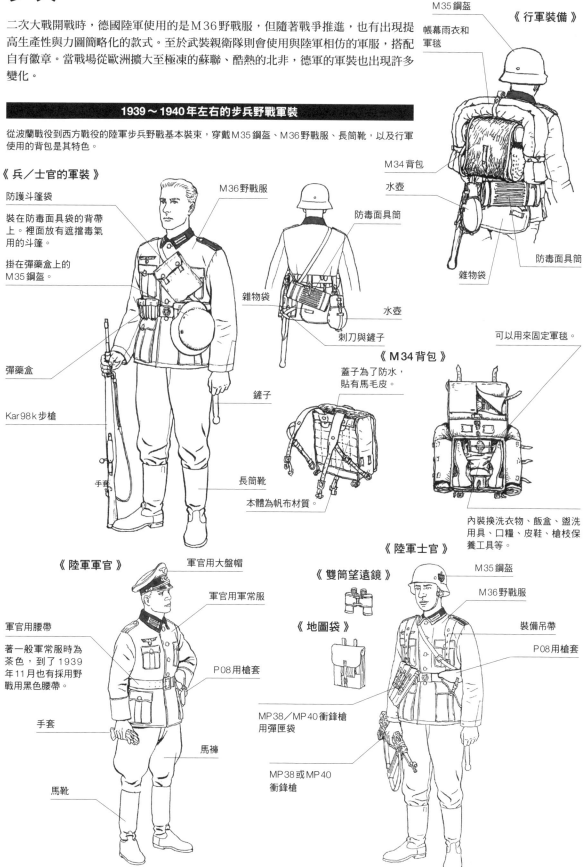

《兵／士官的軍裝》

防護斗篷袋
裝在防毒面具袋的背帶上。裡面放有遮擋毒氣用的斗篷。

掛在彈藥盒上的M35鋼盔。

M36野戰服

彈藥盒

Kar98k步槍

手套

《行軍裝備》

M35鋼盔

帳幕雨衣和軍毯

M34背包

水壺

防毒面具筒

防毒面具筒

雜物袋

水壺

刺刀與鏟子

鏟子

長筒靴

《M34背包》

可以用來固定軍毯。

蓋子為了防水，貼有馬毛皮。

本體為帆布材質。

內裝換洗衣物、飯盒、盥洗用具、口糧、皮鞋、槍枝保養工具等。

《陸軍軍官》

軍官用大盤帽

軍官用軍常服

軍官用腰帶
著一般軍常服時為茶色，到了1939年11月也有採用野戰用黑色腰帶。

P08用槍套

手套

馬褲

馬靴

《陸軍士官》

《雙筒望遠鏡》

《地圖袋》

M35鋼盔

M36野戰服

裝備吊帶

P08用槍套

MP38／MP40衝鋒槍用彈匣袋

MP38或MP40衝鋒槍

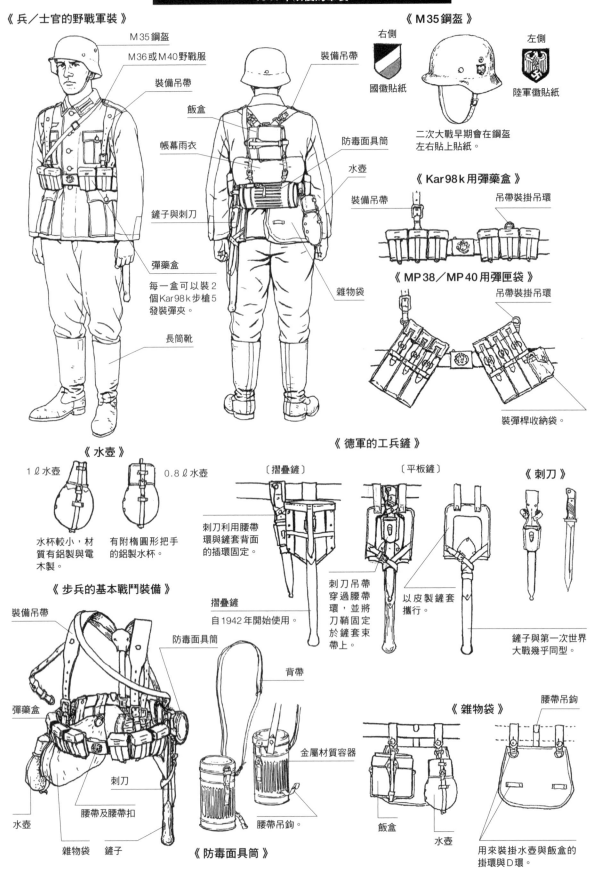

1941年以後的軍裝

《 兵／士官的野戰軍裝 》

M35鋼盔
M36或M40野戰服
裝備吊帶
飯盒
帳幕雨衣
鏟子與刺刀
彈藥盒
每一盒可以裝2個Kar98k步槍5發裝彈夾。
長筒靴

裝備吊帶
防毒面具筒
水壺
雜物袋

《 M35鋼盔 》

右側
國徽貼紙

左側
陸軍徽貼紙

二次大戰早期會在鋼盔左右貼上貼紙。

《 Kar98k用彈藥盒 》

裝備吊帶
吊帶裝掛吊環

《 MP38／MP40用彈匣袋 》

吊帶裝掛吊環

裝彈桿收納袋。

《 水壺 》

1ℓ水壺
水杯較小，材質有鋁製與電木製。

0.8ℓ水壺
有附橢圓形把手的鋁製水杯。

《 德軍的工兵鏟 》

〔摺疊鏟〕
刺刀利用腰帶環與鏟套背面的插環固定。

〔平板鏟〕
刺刀吊帶穿過腰帶環，並將刀鞘固定於鏟套束帶上。

以皮製鏟套攜行。

摺疊鏟
自1942年開始使用。

《 刺刀 》

鏟子與第一次世界大戰幾乎同型。

《 步兵的基本戰鬥裝備 》

裝備吊帶
彈藥盒
刺刀
水壺
雜物袋　鏟子
腰帶及腰帶扣

防毒面具筒
背帶
金屬材質容器
腰帶吊鉤。

《 防毒面具筒 》

《 雜物袋 》

腰帶吊鉤

飯盒
水壺

用來裝掛水壺與飯盒的掛環與D環。

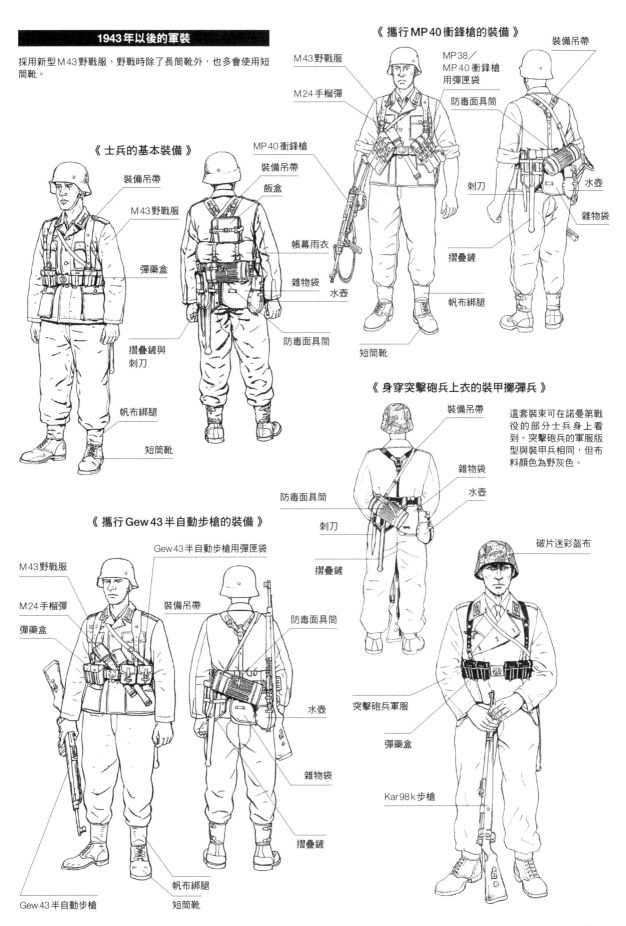

1943年以後的軍裝

採用新型M43野戰服，野戰時除了長筒靴外，也多會使用短筒靴。

《 攜行MP40衝鋒槍的裝備 》

M43野戰服

M24手榴彈

MP38／
MP40衝鋒槍
用彈匣袋

防毒面具筒

裝備吊帶

刺刀

水壺

摺疊鏟

雜物袋

帆布綁腿

短筒靴

《 士兵的基本裝備 》

MP40衝鋒槍

裝備吊帶

飯盒

裝備吊帶

M43野戰服

帳幕雨衣

彈藥盒

雜物袋

水壺

摺疊鏟與
刺刀

防毒面具筒

帆布綁腿

短筒靴

《 身穿突擊砲兵上衣的裝甲擲彈兵 》

裝備吊帶

雜物袋

水壺

防毒面具筒

刺刀

摺疊鏟

這套裝束可在諾曼第戰役的部分士兵身上看到。突擊砲兵的軍服版型與裝甲兵相同，但布料顏色為野灰色。

《 攜行Gew43半自動步槍的裝備 》

Gew43半自動步槍用彈匣袋

M43野戰服

M24手榴彈

彈藥盒

裝備吊帶

防毒面具筒

水壺

雜物袋

摺疊鏟

帆布綁腿

短筒靴

Gew43半自動步槍

破片迷彩盔布

突擊砲兵軍服

彈藥盒

Kar98k步槍

機槍伍負責支援步兵班，每班（大戰早期為10人編制）編制1伍，基本上是由射手、副射手、彈藥手3名人員構成。除此之外，也有對排組提供火力支援的機槍班，機槍班會將MG34或MG42機槍裝在三腳架上當成重機槍使用。

將彈藥箱扛在肩上走的士兵。

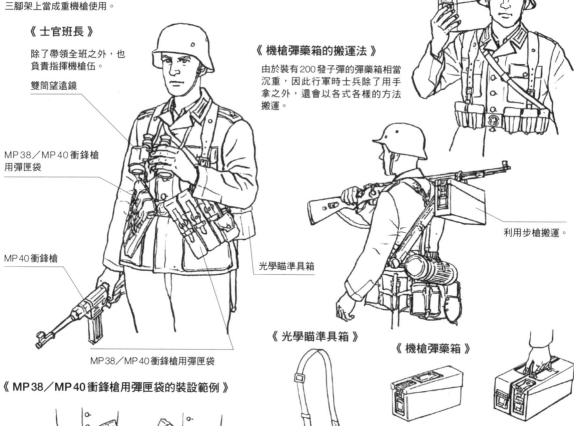

《士官班長》

除了帶領全班之外，也負責指揮機槍伍。

雙筒望遠鏡

MP38／MP40衝鋒槍用彈匣袋

MP40衝鋒槍

MP38／MP40衝鋒槍用彈匣袋

《機槍彈藥箱的搬運法》

由於裝有200發子彈的彈藥箱相當沉重，因此行軍時士兵除了用手拿之外，還會以各式各樣的方法搬運。

利用步槍搬運。

光學瞄準具箱

《MP38／MP40衝鋒槍用彈匣袋的裝設範例》

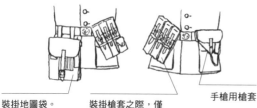

裝掛地圖袋。

裝掛槍套之際，僅右側裝掛彈匣袋。

手槍用槍套

《光學瞄準具箱》

把機槍裝在三腳架上使用之際會用到光學瞄準具。

《機槍彈藥箱》

內裝MG34／MG42用7.92㎜×57子彈200發彈鏈。

為了能以單手搬運2個彈藥箱，提把會裝在靠近邊緣的位置。

《機槍手的裝備》

個人裝備基本上與步槍兵無異，但由於用的是機槍，因此沒有步槍彈藥盒。除機槍外，也會攜帶魯格P08或華瑟P38手槍當作副武器。

《備用槍管筒》（1根用）

用來裝備用槍管，在槍管因射擊而過熱時可進行更換。

《機槍手的軍裝》

MG34機槍

P08用槍套

機槍工具盒

P08用槍套

裝備吊帶

機槍工具盒

刺刀

雜物袋

防毒面具筒

水壺

槍管更換用布

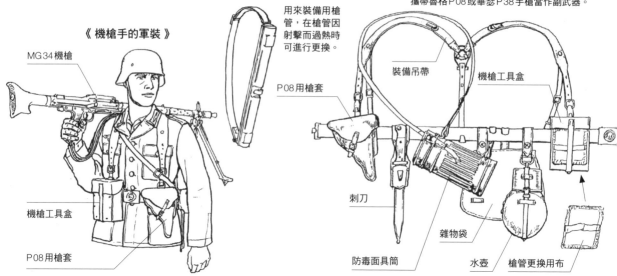

大戰後半期的野戰裝備

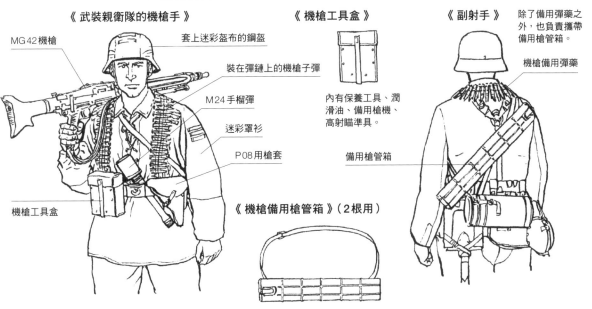

《武裝親衛隊的機槍手》

- MG42機槍
- 套上迷彩盔布的鋼盔
- 裝在彈鏈上的機槍子彈
- M24手榴彈
- 迷彩罩衫
- P08用槍套
- 機槍工具盒

《機槍工具盒》

內有保養工具、潤滑油、備用槍機、高射瞄準具。

《機槍備用槍管箱》（2根用）

《副射手》

除了備用彈藥之外，也負責攜帶備用槍管箱。

- 機槍備用彈藥
- 備用槍管箱

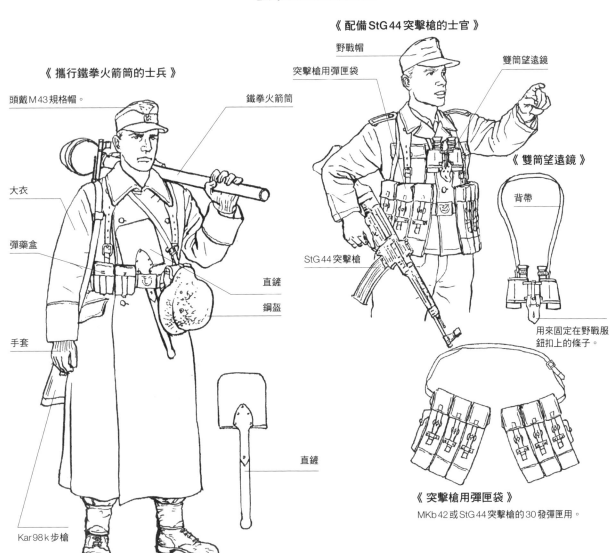

《攜行鐵拳火箭筒的士兵》

- 頭戴M43規格帽。
- 鐵拳火箭筒
- 大衣
- 彈藥盒
- 手套
- 直鏟
- 鋼盔
- 直鏟
- Kar98k步槍

《配備StG44突擊槍的士官》

- 野戰帽
- 突擊槍用彈匣袋
- 雙筒望遠鏡
- StG44突擊槍

《雙筒望遠鏡》

- 背帶
- 用來固定在野戰服鈕扣上的條子。

《突擊槍用彈匣袋》

MKb42或StG44突擊槍的30發彈匣用。

將軍的制服

德國陸軍將官制服最具代表性的特徵，就是紅底金線刺繡領章，紅底色代表將官。除此之外，肩章底色在校官以下是所屬兵科色，但將官不分兵科全部都是紅底。至於親衛隊將軍用的徽章，基本上仍是以黑色搭配銀線組成。

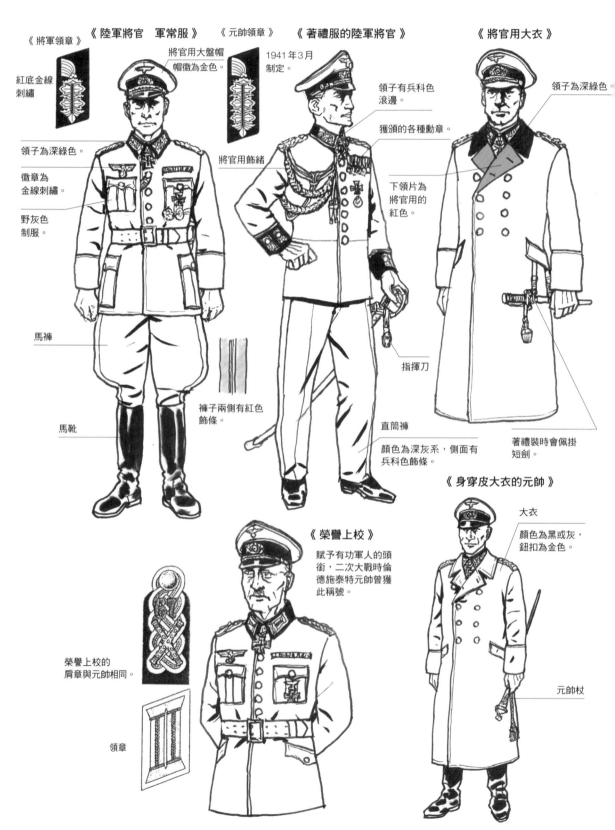

《將軍領章》

紅底金線刺繡

《陸軍將官　軍常服》

將官用大盤帽帽徽為金色。

領子為深綠色。

徽章為金線刺繡。

野灰色制服。

馬褲

馬靴

褲子兩側有紅色飾條。

《元帥領章》

1941年3月制定。

《著禮服的陸軍將官》

領子有兵科色滾邊。

獲頒的各種勳章。

將官用飾緒

下領片為將官用的紅色。

指揮刀

直筒褲

顏色為深灰系，側面有兵科色飾條。

《將官用大衣》

領子為深綠色

著禮裝時會佩掛短劍。

《身穿皮大衣的元帥》

大衣

顏色為黑或灰，鈕扣為金色。

元帥杖

《榮譽上校》

賦予有功軍人的頭銜，二次大戰時倫德施泰特元帥曾獲此稱號。

榮譽上校的肩章與元帥相同。

領章

《北非戰線的熱帶制服》（野戰服）　　　《山地師的將官》 　　　《冬季戰的將官》

頭戴將官用野戰帽。

山地帽

身穿兩面式防寒連
帽風衣。

迷彩服用階級
章（臂章）。

野戰服的設計與一般
軍官相同。

褲子兩側有紅線。

綁腿

山地靴

《武裝親衛隊的制服》

軍官用圓形帶扣腰帶。

《身穿大衣的武裝親衛隊將官》

大衣版型與陸軍相同，顏色為
淺灰色，下領片為白色。

武裝親衛隊短劍。

《身穿迷彩服的少將》

褲子兩側有白線。

105

陸軍的野戰服

德國陸軍在二次大戰期間供應給兵／士官的羊毛野戰服有M36、M40、M41、M42、M43、M44共5種。隨著戰爭推進，為了節省布料與提高生產效率，會對制服進行改款，除了簡化設計之外，布料品質也有降級。

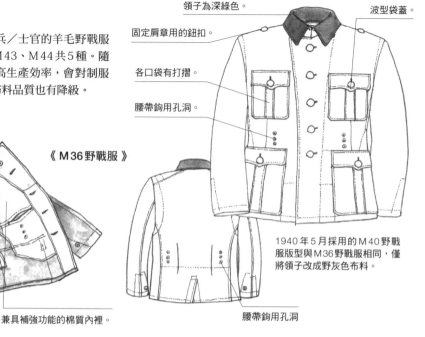

領子為深綠色。

波型袋蓋。

固定肩章用的鈕扣。

各口袋有打摺。

腰帶鉤用孔洞。

《M36野戰服》

1940年5月採用的M40野戰服版型與M36野戰服相同，僅將領子改成野灰色布料。

腰帶鉤用孔洞

兼具補強功能的棉質內裡。

《內藏式裝備吊帶》

可裝上腰帶鉤，用以支撐佩掛彈藥盒與雜物袋等裝備的腰帶，裝在野戰服內裡。

內藏式裝備吊帶

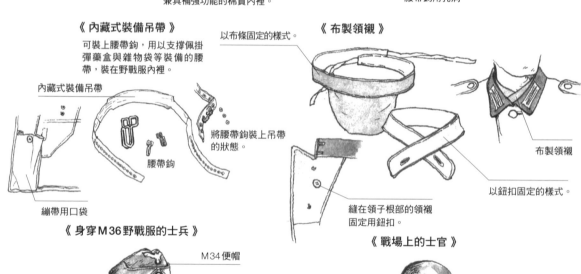

以布條固定的樣式。

《布製領襯》

腰帶鉤

將腰帶鉤裝上吊帶的狀態。

繃帶用口袋

布製領襯

以鈕扣固定的樣式。

縫在領子根部的領襯固定用鈕扣。

《身穿M36野戰服的士兵》

《戰場上的士官》

M34便帽

領章

陸軍胸章

肩章

2級鐵十字勳章綬帶

有不少士兵會在野戰時將領子打開。

袖口有鈕扣可調整尺寸，也能將袖子捲起。

《M43野戰服》

為了補充戰線消耗而採用的M43野戰服，在設計上比M42野戰服更為簡化，並提高毛料中人造絲的混紡比例。

袋蓋形狀改成直線。

廢止口袋打摺。

鈕扣改成6個。

《M40野戰服》

M36野戰服的領子與肩章原本是深綠色，1940年以後為了避免在野戰中顯得過於醒目，將顏色改成野灰色。

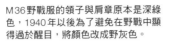

下口袋的形狀也不同。

《威瑪防衛軍的野戰服》

採用M36野戰服之前的威瑪防衛軍時代野戰服。

袋蓋為波型。

廢除打摺。

《熱帶野戰服》

用於北非戰線等熱帶地區的野戰服。以橄欖綠布料製成。

《身穿M42野戰服的士官》

由於布料的化纖混紡比例較高，為了防止衣服變形，將前襟鈕扣增加為6顆。

《熱帶野戰服　後期型》

1943年9月以後生產的熱帶軍服也將口袋打摺省略。

《M44野戰服》

到了1944年，物資已明顯不足，因此大幅簡化設計，且布料除了提高化纖混紡比例之外，也會使用再生羊毛。

改成短夾克型。

《穿戴M43規格帽、M43野戰服的士官》

布料品質變差的M43野戰服，顏色從野灰色變成鼠灰色調。

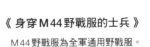

《身穿M44野戰服的士兵》

M44野戰服為全軍通用野戰服。

操作服

1933年，陸軍採用以人字紋麻布製成的操作服。這款供應給兵／士官的操作服，會用於新兵訓練、雜役、演習等活動。然而，當二次大戰爆發後，在歐洲戰線沒有防暑服的陸軍，便將這款軍服挪用為夏季戰鬥服，從士兵至軍官都廣泛使用。

野戰服型HBT（M42）

《 身穿野戰服型HBT的士兵 》

大幅改修M33操作服製成的野戰服型，俗稱M42操作服。顏色與M33同為蘆葦綠。

《 身穿操作服改造版的軍官 》

軍官會將操作服改造成夏季野戰服，改造部位包括領子（深綠色）與口袋（有打摺）。

《 身穿灰色棉質丹寧布野戰服的軍官 》

軍官穿的夏季野戰服多半是以M36野戰服的版型訂製而成。

《 身穿M42操作服的大德意志師士兵 》

依據規定，操作服原本不會佩戴階級章以外的徽章，不過在戰場上則會依照野戰服規定加上各種徽章。圖中的士兵也在衣服上佩戴領章與袖章。

野戰服型HBT（M43）

以合成纖維取代M42使用的天然麻料製作而成，顏色因此從深綠色變成帶灰色調的綠色，袋蓋設計也從波型改成直線型。

《 在前線穿著M42操作服的軍官 》

前線的軍官也不穿訂製軍服，而會將公發的操作服當成野戰服使用。

《 身穿M42操作服的裝甲兵 》

M42操作服也會發給裝甲兵。裝甲兵原本只在維修車輛之際穿著，但在大戰後半以後也會當成野戰服使用。

裝甲兵用HBT操作服

《身穿1943年採用的裝甲兵用操作
服早期型的裝甲兵》

《裝甲兵用操作服後期型》

《身穿操作服的戰車士官》

上衣改成大疊襟式。

裝甲兵用操作服

顏色為蘆葦綠。早期型
的操作服沒有胸口袋。

上衣與褲子加裝
大型口袋。

1933年採用，稱為M33的HBT操作
服。以生麻布料製成，上衣沒有胸口
袋，僅在2側衣襬設置口袋。

為了能穿在黑色戰車服
外面，胸前有2排鈕扣。

大型胸口袋。

HBT操作服（M33）

《把M33操作服當成夏季野戰服使用的士兵》

《身穿M33操作服的
裝甲部隊維修兵》

裝甲部隊的車輛維修連會把
操作服當成主要制服。

M33操作服的顏色在1940年2
月改成蘆葦綠，以免在戰場上
過於醒目，也因此被當成夏季
野戰服的替代品。

冬季防寒服

德軍自1941年至1942年，在防寒裝備不甚充足的狀態下於嚴酷寒冬的東部戰線作戰。依此經驗，自1942年秋以後便出現了新式防寒制服。

《套上雪地迷彩白色盔布的鋼盔》

有時也會不套盔布，直接漆上白色。

大衣

《身穿大衣的士兵》

為了防止冷風與寒氣灌入衣領，士兵多會使用圍巾或防寒頭罩。

手套

彈藥盒

Kar98k步槍

M42大衣

戰鬥裝備著於大衣之外。

《防寒頭罩》

簡形毛織頭罩。

《M35便帽》

把反摺布放下來就會變成耳罩。

《防寒帽》

內側有兔毛皮，其他還有數種不同種類的防寒帽。

《身穿M42大衣的機槍手》

防寒頭罩

MG42機槍

手套

機槍工具盒

M42大衣

P08用槍套

雖然領子有經過改良，但羊毛外套除了又厚又重，在極寒地區的防寒性能也不太夠。然而，即便在採用防寒連帽風衣之後，前線仍有持續使用。

《M36大衣》

領子為深綠色。

《M42大衣》

領片比M36大。

《步哨大衣》

增設開縫式暖手口袋。由於口袋是為步哨勤務增設，因此又稱步哨大衣。

防寒連帽風衣

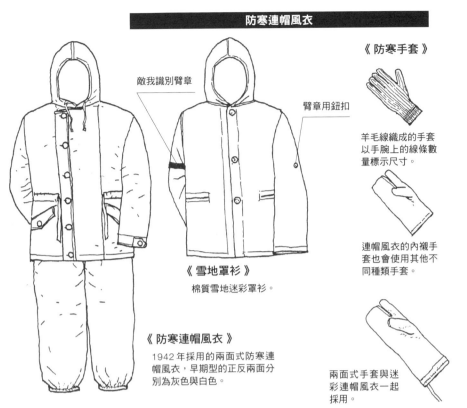

敵我識別臂章

臂章用鈕扣

《雪地罩衫》
棉質雪地迷彩罩衫。

《防寒連帽風衣》
1942年採用的兩面式防寒連帽風衣，早期型的正反兩面分別為灰色與白色。

《防寒手套》

羊毛線織成的手套以手腕上的線條數量標示尺寸。

連帽風衣的內襯手套也會使用其他不同種類手套。

兩面式手套與迷彩連帽風衣一起採用。

《防寒靴》

長筒靴型皮革與毛氈（腳踝以上）的複合型，有束帶可將靴口收緊。

前方以皮革補強的款式。

套靴套
在一般靴子外面的防寒靴。由於這種構造會限制活動，因此主要由後勤部隊或執行步哨任務時使用。

《身穿迷彩連帽風衣的士兵》
取代灰色款式的迷彩款式，陸軍迷彩有破片紋與水紋2種。

《身穿防寒連帽風衣的士兵裝備》

敵我識別臂章

毛線手套

防寒靴

鋼盔

裝備吊帶

Kar98k用彈藥盒

防寒頭罩

連帽風衣上衣

Gew43用彈匣袋

機槍備用槍管袋（2根用）

連帽風衣褲子

防寒靴

摺疊鏟

Gew43半自動步槍

防毒面具筒

水壺

雜物袋

非洲軍團

由於義大利軍進攻埃及失敗，又遭英軍反攻，因此德國決定對義大利軍派出支援。1941年2月，由隆美爾將軍擔任指揮官的非洲軍派遣至北非。

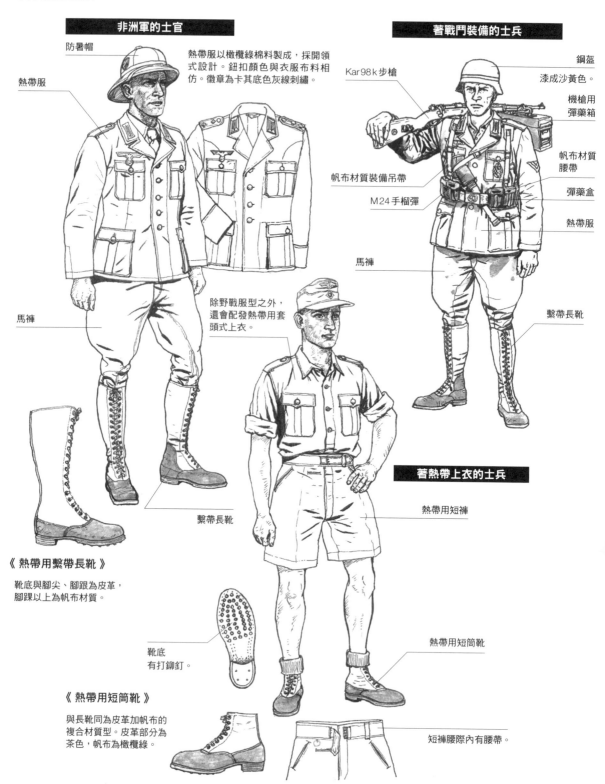

非洲軍的士官

防暑帽

熱帶服

熱帶服以橄欖綠棉料製成，採開領式設計。鈕扣顏色與衣服布料相仿。徽章為卡其底色灰線刺繡。

馬褲

除野戰服型之外，還會配發熱帶用套頭式上衣。

繫帶長靴

《 熱帶用繫帶長靴 》

靴底與腳尖、腳跟為皮革，腳踝以上為帆布材質。

靴底有打鉚釘。

《 熱帶用短筒靴 》

與長靴同為皮革加帆布的複合材質型。皮革部分為茶色，帆布為橄欖綠。

著戰鬥裝備的士兵

Kar98k步槍

鋼盔
漆成沙黃色。

機槍用彈藥箱

帆布材質裝備吊帶

M24手榴彈

帆布材質腰帶

彈藥盒

熱帶服

馬褲

繫帶長靴

著熱帶上衣的士兵

熱帶用短褲

熱帶用短筒靴

短褲腰際內有腰帶。

《便帽與規格帽》

以熱帶服同色布料製成。

便帽

規格帽

《防暑帽》

帽體以軟木材質成形，表面有卡其布與毛氈布兩種質料。
帽體右側為國家色章，左側為陸軍徽章。

布面型　　　　毛氈型

帽子內裡為紅色布料，
以發揮散熱效果。

個人戰鬥裝備

由於沙漠的乾燥氣候會降低皮製品的
耐用度，因此個人裝備以帆布材質製
成，僅有彈藥盒仍為皮革製。

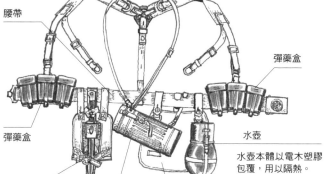

裝備吊帶

腰帶

彈藥盒

彈藥盒

水壺

水壺本體以電木塑膠
包覆，用以隔熱。

鏟子與刺刀

雜物袋

防毒面具筒

沙黃色塗裝。

1942年開始使用的熱帶服

廢止各口袋的打摺，
袋蓋也改成直線型。

《背包》

束帶類也非皮革材質，而是
以帆布製成。

A字架可用來攜帶各種備品。

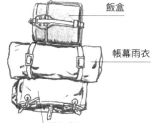

飯盒

帳幕雨衣

框架背包

用來裝內衣與口糧等物。

《A字架》

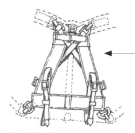

1939年採用的裝備攜行用背
架，能與裝備吊帶的D環與
束帶結合。此裝備的皮製束
帶也換成棉質。

改採直筒褲。

《護目鏡》

沙漠防塵必需品。包括
簡易型與飛行風鏡，款
式五花八門。

身穿熱帶大衣的機槍手

規格帽

帆布裝備
吊帶

水壺

熱帶用大衣

P08用槍套

機槍工具盒

MG42機槍

《帆布綁腿》

《直筒褲》

腰際內有
腰帶

褲口能以鈕扣
收緊

113

裝甲兵

裝甲兵的黑色戰車服設計靈感源自19世紀普魯士時代的輕騎兵，比照視為菁英部隊。陸軍於1934年採用黑色戰車服，後來武裝親衛隊、空軍的裝甲部隊也跟進使用，使德國裝甲兵等同黑色戰鬥服的印象就此定型。

頭戴便帽的裝甲兵

- 便帽
- 耳機
- 喉頭麥克風
- 領章
- 領子的兵科色滾邊（玫瑰粉紅色）於1939年廢除。
- 通話切換鈕
- 戰車服
- 腰帶
- 長筒靴

自走砲兵

- 戰鬥時多半會戴上鋼盔。
- 自走砲兵服
- 短筒靴

早期的裝甲兵

- 戰車扁帽
- 優秀射手飾緒
- 戰車服
- 扁帽用帽徽
- 西班牙參戰章（裝甲部隊）
- 2級鐵十字勳章
- 西班牙參戰章

《國防軍的袖章》

 西班牙內戰參戰章

 大德意志師部隊章

 赫曼・戈林師部隊章

 非洲軍部隊章（陸軍）

 非洲參戰章（陸海空軍）

 梅斯參戰章

 庫爾蘭參戰章

袖章分為部隊章與參戰章，除裝甲兵之外，相關官兵也會縫在上衣袖子上。

《腰帶的帶扣》

 陸軍（兵／士官用）

 親衛隊（兵／士官用）

 空軍（兵／士官用）

 國防軍軍官用（親衛隊也會使用）

親衛隊軍官用

空軍第1空降裝甲師 赫曼・戈林師的裝甲兵（上士）

- 徽章為空軍式。

非洲軍的裝甲兵（少尉）

- 下領片有骷髏章。
- 身穿與陸軍同款戰車服。
- 由於沒有熱帶用戰車服，因此在北非戰線會穿與步兵同款野戰服。

武裝親衛隊裝甲兵（中士）

- 武裝親衛隊帽徽
- 身穿斑點迷彩戰車服。
- 有武裝親衛隊專的腰帶。

《 大戰早期的裝甲兵 》

戰車扁帽
內有頭部保護用內襯。

《 裝甲部隊的軍樂隊員 》

由於國防軍尚未成立，因此這位士兵頭上戴的扁帽沒有鷹徽。

《 武裝親衛隊裝甲兵 》

原本使用與陸軍同款服裝，但在 1941 年以後改用獨有服裝。與陸軍型相比，領片比較小，長度也稍短。

《 裝甲兵的各種勳章／徽章 》

優秀射手飾緒

西班牙參戰章

副官參謀飾緒

一般突擊章

《 空軍赫曼·戈林師裝甲兵 》

肩章滾邊為粉紅色

領章底布與領片滾邊為白色。

國家體育章
服裝與陸軍同型。

戰車擊破章

戰傷章

右袖縫有師名袖章。

帶劍 1 級十字章

德意志十字章

戰車突擊章

領章滾邊為黑白兵科色。

《 裝甲工兵隊員 》

《 大德意志師的裝甲部隊軍官 》

《 自走砲兵 》

隸屬該師的官兵會在右袖縫上師名袖章。

裝甲工兵配備架橋器材、炸藥等，會隨戰車部隊行動，用以支援攻擊。

由於自走砲兵屬於砲兵，因此會穿野灰色戰車服。但是到了大戰後半期，反戰車自走砲部隊的隊員也會使用與裝甲兵同款黑色制服。

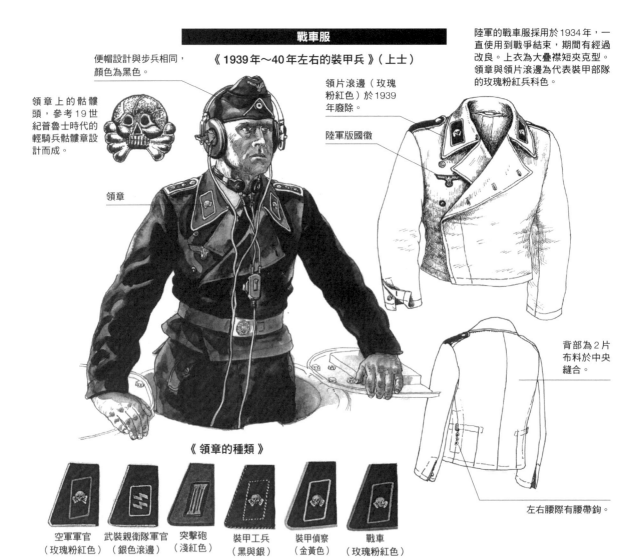

戰車服

《1939年～40年左右的裝甲兵》（上士）

便帽設計與步兵相同，顏色為黑色。

領章上的骷髏頭，參考19世紀普魯士時代的輕騎兵骷髏章設計而成。

領章

領片滾邊（玫瑰粉紅色）於1939年廢除。

陸軍版國徽

陸軍的戰車服採用於1934年，一直使用到戰爭結束，期間有經過改良。上衣為大疊襟夾克型。領章與領片滾邊為代表裝甲部隊的玫瑰粉紅兵科色。

背部為2片布料於中央縫合。

左右腰際有腰帶鉤。

《領章的種類》

空軍軍官（玫瑰粉紅色）	武裝親衛隊軍官（銀色滾邊）	突擊砲（淺紅色）	裝甲工兵（黑與銀）	裝甲偵察（金黃色）	戰車（玫瑰粉紅色）

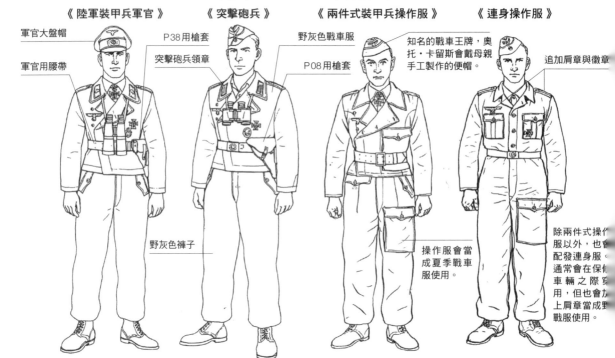

《陸軍裝甲兵軍官》

軍官大盤帽

軍官用腰帶

野灰色褲子

《突擊砲兵》

P38用槍套

突擊砲兵領章

P08用槍套

《兩件式裝甲兵操作服》

野灰色戰車服

操作服會當成夏季戰車服使用。

《連身操作服》

知名的戰車王牌，奧托‧卡留斯會戴母親手工製作的便帽。

追加肩章與徽章

除兩件式操作服以外，也會配發連身服。通常會在保儀車輛之際穿用，但也會加上肩章當成戰服使用。

平常會帶護身手槍，槍套掛在左腰前方或後方。圖中畫的是P38用槍套。

冬季的陸軍戰車隊軍官（1942年冬）

大盤帽

圍巾或頭罩

連帽風衣為兩面式。背面是陸軍破片迷彩。

連帽風衣上衣

使用與步兵同款防寒連帽風衣。

雙筒望遠鏡

裝甲兵士官

士官大盤帽

衣領可以像這樣扣起來。

袖子上有識別士官用的2條銀線。

P08用槍套

連帽風衣褲子

P38用槍套

北非戰線的戰車隊軍官

熱帶規格帽與護目鏡

上衣為口袋有打摺的早期型。

繫帶長靴

北非戰線的戰車隊隊員

黑色便帽

在北非戰線也有人偏好戴這款帽子。

被服基本上與步兵相同。

雙筒望遠鏡

地圖袋

著破片迷彩戰車服的乘員

裝甲兵用M43規格帽

P38用槍套

由於陸軍沒有正規版裝甲兵迷彩服，因此個人或部隊單位便會利用帳幕雨衣自行製作。

《 陸軍／武裝親衛隊／空軍階級章、徽章範例 》

軍官用M36便帽

軍官大盤帽

M38便帽
（1940年3月開始使用）

扁帽
（1941年1月廢除）

突擊砲教導營
少校

大德意志裝甲
擲彈兵師中尉

裝甲工兵上等兵

第4戰車團下士
（袖章為連隊資
深士官用）

空軍便帽

裝甲兵用M43規格帽

軍官大盤帽

武裝親衛隊便帽

空軍野戰師
赫曼・戈林
空軍裝甲士官長

武裝親衛隊
迷彩戰車服

武裝親衛隊
下級連長
（少尉）

武裝親衛隊
阿道夫・希特勒師
上級排長
（上級中士）

《 陸軍與武裝親衛隊戰車服的差異 》

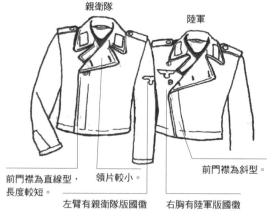

親衛隊　　　　　　　　　陸軍

前門襟為直線型，
長度較短。　　　領片較小。　　　　前門襟為斜型。

左臂有親衛隊版國徽　　　右胸有陸軍版國徽

《 帽徽 》

親衛隊帽章　　　　　　陸軍帽徽

身穿皮製短外套的武裝親衛隊裝甲兵軍官

武裝親衛隊有部分戰車部
隊，在1943年以後使用海
軍的兵／士官用皮外套與褲
子當作防寒衣物。

皮製短外套

皮製罩褲

赫曼・戈林師的裝甲兵軍官

空軍軍官大盤帽

空軍版國徽

部隊袖章

武裝親衛隊裝甲兵

武裝親衛隊領章　　　　武裝親衛隊便帽

武裝親衛隊
戰車服

左臂有國徽。

摩托車兵

德國陸軍將步兵部隊機械化時，會在裝甲師編制一個以摩托車作為機動力的狙擊兵營，於波蘭、法國閃擊戰和德蘇戰早期展現身手。後來載具由摩托車改成運兵車，機械化部隊也經過改編，摩托車狙擊兵營因此廢除。

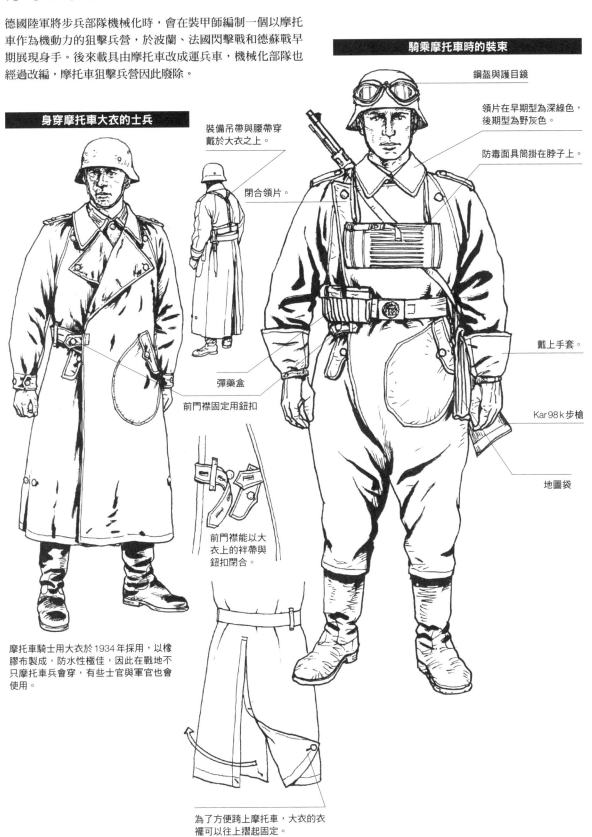

身穿摩托車大衣的士兵

裝備吊帶與腰帶穿戴於大衣之上。

閉合領片。

彈藥盒

前門襟固定用鈕扣

前門襟能以大衣上的袢帶與鈕扣閉合。

摩托車騎士用大衣於1934年採用，以橡膠布製成，防水性極佳，因此在戰地不只摩托車兵會穿，有些士官與軍官也會使用。

為了方便跨上摩托車，大衣的衣襬可以往上摺起固定。

騎乘摩托車時的裝束

鋼盔與護目鏡

領片在早期型為深綠色，後期型為野灰色。

防毒面具筒掛在脖子上。

戴上手套。

Kar98k步槍

地圖袋

《摩托車兵使用的各種護目鏡》

護目鏡會使用民用摩托車護目鏡、軍用防塵護目鏡、飛行風鏡、山地兵用等各種型式。

《手套》

配合季節與地區使用各種樣式。

3指型手套

防寒手套

《冬季東部戰線的摩托車兵》

在極度寒冷的冬季東部戰線，有些摩托車兵會以卸下濾毒罐的防毒面具充當防寒面具使用。

《熱帶地區用大衣》

橄欖綠棉布材質。版型與橡膠布相同。主要用於北非戰線。

槍口套

槍口會套上套子，以防異物入侵槍管。

《野戰憲兵的摩托車兵》

在前線指揮交通與巡邏之際會掛上胸牌。

防毒面具筒也會像這樣佩掛。

步槍防塵套

《步槍防塵套》

用以防止沙塵入侵槍機部，但由於套上套子很難迅速取槍，因此在前線不太會使用。

120

迷彩服

二次大戰期間，不少國家的軍隊都有採用迷彩服，其中又以德軍的迷彩服偽裝效果最佳，設計也相當優良。

《防寒連帽風衣一式》

上衣、褲子、手套皆為迷彩／白色兩面式。

上衣

手套

褲子

《陸軍水紋迷彩防寒連帽風衣》

兩面式布料，其中一面為迷彩，另一面則是冬季用的白色。

《水紋防寒風帽》

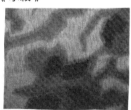

陸軍迷彩包括破片紋（右）與水紋（左）兩種。

陸軍的迷彩

《破片紋》

1931年，德軍用於帳幕雨衣的迷彩花紋。顏色包括較偏綠色的春夏用以及較偏茶色的秋季用兩種。二次大戰開打後，迷彩花紋除帳幕雨衣之外，也會應用於被服和盔布。

《水紋》

為了提高迷彩效果，將破片紋的直線式輪廓線模糊化之後構成的花紋。1943年採用。另有降低明度的1944年型。

武裝親衛隊的迷彩

《E花紋「棕櫚樹」》

武裝親衛隊很早就開始使用迷彩被服，1938年便已採用A花紋「法桐樹」迷彩罩衫。E花紋「棕櫚樹」則於1940年採用，生產至1942年。

《E花紋「橡葉」》

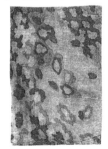

生產於1940～1945年的E花紋其中一種。各種迷彩布料除罩衫以外，也會用於盔布、帳幕雨衣等。

《斑點花紋「豌豆」》

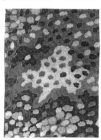

採用於1944年，因此又稱「M44斑點迷彩」。這款花紋會用於野戰服、戰車服等。

《 諾曼第戰役身穿水紋迷彩罩衫的陸軍士兵 》

相較於親衛隊，陸軍較晚採用迷彩服，直到 1943 年才有連帽風衣與罩衫等迷彩被服。

盔布為破片紋迷彩。

裝備吊帶

水紋迷彩罩衫

刺刀與鏈子

彈藥盒

Kar 98 k
步槍

以鐵絲網製成偽裝網。

裝備吊帶

彈藥盒

Kar 98 k 步槍

《 身穿破片紋防寒連帽風衣的士兵 》

《 水紋盔布 》

陸軍除公發品之外，也有不少士兵會利用帳幕雨衣自行製作。

**《 1944 年 7 月，鎮壓華沙起義的
空軍地面部隊赫曼‧戈林師士兵 》**

身穿陸軍罩衫。

M24 手榴彈

《 諾曼第戰線的空降獵兵 》

空軍也在傘兵罩衫上採用破片紋與水紋迷彩，並製作傘兵盔用迷彩盔布。

鋼盔也套上迷彩盔布。

防寒連帽風衣上衣

彈藥盒

裝備吊帶

M24 手榴彈

迷彩傘兵罩衫

Kar 98 k 步槍

刺刀

**《 身穿改造自帳幕雨衣
迷彩背心的自走砲兵 》**

戰爭後半期，除公發正規品之外，也會利用帳幕雨衣製作野戰服、戰車服、規格帽等多種非正規品。

《 大戰後期的空降獵兵 》

頭戴套上偽裝網的普通鋼盔。

大戰後期，空降獵兵被當作地面戰鬥部隊運用，有些人也會使用普通鋼盔。

山 地 獵 兵

德國以阿爾卑斯山脈為邊境，因此會編制山地專門部隊。山地部隊隊員不僅要能作戰，還得具備山岳攀登以及滑雪技術，稱作「山地獵兵」，是支菁英部隊。

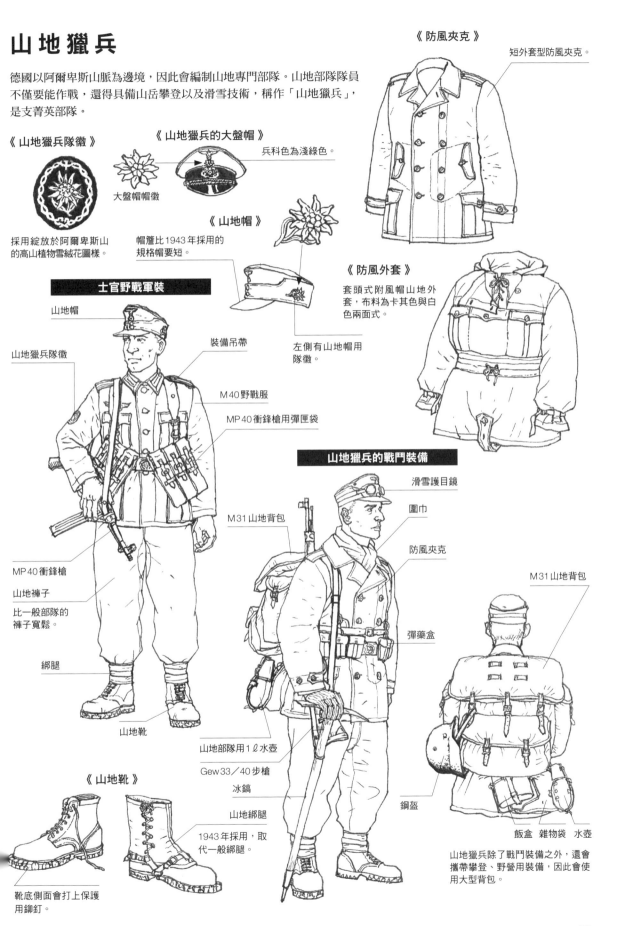

《防風夾克》

短外套型防風夾克。

《山地獵兵隊徽》

採用綻放於阿爾卑斯山的高山植物雪絨花圖樣。

《山地獵兵的大盤帽》

大盤帽帽徽

兵科色為淺綠色。

《山地帽》

帽簷比1943年採用的規格帽要短。

《防風外套》

套頭式附風帽山地外套，布料為卡其色與白色兩面式。

左側有山地帽用隊徽。

士官野戰軍裝

山地帽

山地獵兵隊徽

裝備吊帶

M40野戰服

MP40衝鋒槍用彈匣袋

MP40衝鋒槍

山地褲子

比一般部隊的褲子寬鬆。

綁腿

山地靴

山地獵兵的戰鬥裝備

滑雪護目鏡

圍巾

防風夾克

彈藥盒

M31山地背包

M31山地背包

山地部隊用1ℓ水壺

Gew33／40步槍

冰鎬

山地綁腿

1943年採用，取代一般綁腿。

鋼盔

飯盒 雜物袋 水壺

山地獵兵除了戰鬥裝備之外，還會攜帶攀登、野營用裝備，因此會使用大型背包。

《山地靴》

靴底側面會打上保護用鉚釘。

123

山地獵兵在從事偵察、巡邏任務時會以滑雪作為移動手段。

滑雪獵兵編制於步兵部隊，在冬季戰場以滑雪移動從事偵察與攻擊。

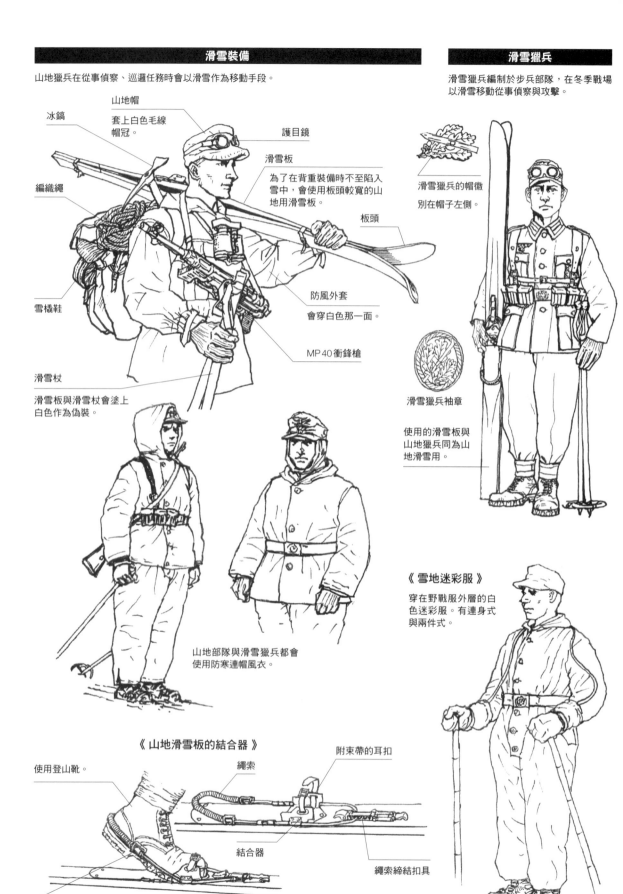

山地帽
套上白色毛線帽冠。

冰鎬

護目鏡

滑雪板
為了在背重裝備時不至陷入雪中，會使用板頭較寬的山地用滑雪板。

編織繩

板頭

雪橇鞋

防風外套
會穿白色那一面。

MP40衝鋒槍

滑雪杖
滑雪板與滑雪杖會塗上白色作為偽裝。

滑雪獵兵的帽徽別在帽子左側。

滑雪獵兵袖章

使用的滑雪板與山地獵兵同為山地滑雪用。

山地部隊與滑雪獵兵都會使用防寒連帽風衣。

《 雪地迷彩服 》
穿在野戰服外層的白色迷彩服。有連身式與兩件式。

《 山地滑雪板的結合器 》

使用登山靴。

繩索

附束帶的耳扣

結合器

繩索締結扣具

為了在雪上步行，結合器的繩索會隨腳跟一起抬起。

狙擊兵

德軍相當重視狙擊兵培訓，在西部戰線與東部戰線皆能有效活用。狙擊兵除了射擊技術之外，也擅長偽裝技術。為了避免被敵人發現，除迷彩服外，還會用上各種方法進行偽裝。

陸軍的狙擊兵

配備雙筒望遠鏡，用以確認目標。

破片迷彩罩衫。

於腰帶插入長草進行偽裝的東部戰線武裝親衛隊士兵。

裝上ZF39狙擊鏡的Kar98k狙擊槍。

盔布束帶也會插上枝葉。

使用迷彩罩衫與盔布、面簾的武裝親衛隊機槍伍。

在M43規格帽的反摺耳罩與肩袢插上枝葉進行偽裝。

面簾

《史達林格勒戰役的陸軍狙擊兵》

利用麻袋製作盔布套於鋼盔。

武裝親衛隊於1942年4月採用，供狙擊兵、機槍伍、偵察隊員使用。

《陸軍的迷彩面罩》

以帳幕雨衣改造製成。其他還有僅在眼睛部位開洞的簡易型。

《偽裝網》

用於諾曼第戰役的背心型偽裝網。鋼盔也會套上網子，並於全身插上草木枝葉進行偽裝。

戰鬥工兵

戰鬥工兵負責敵前渡河、排除地雷與障礙物、破壞碉堡等火力陣地，以支援步兵部隊進攻。他們會使用各種裝備從事相關任務。

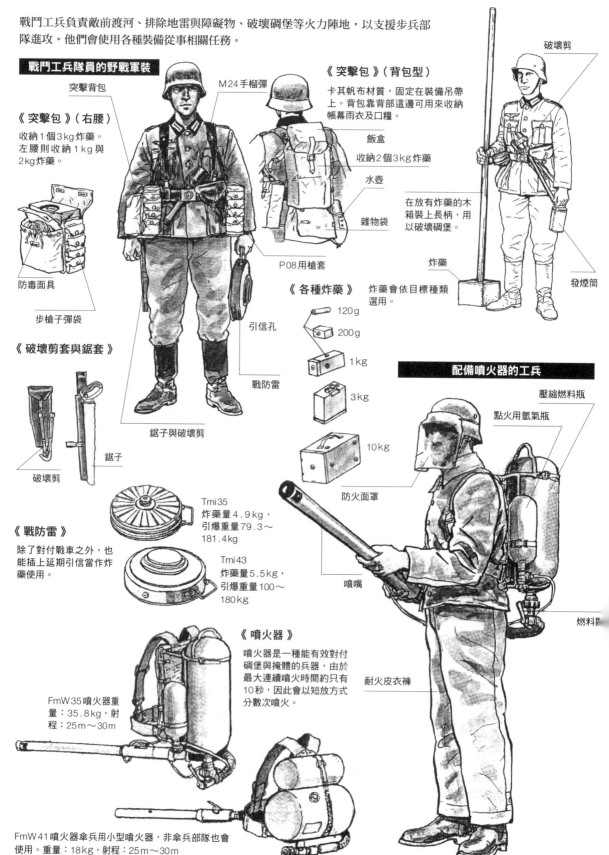

破壞剪

戰鬥工兵隊員的野戰軍裝

突擊背包

《突擊包》（背包型）
卡其帆布材質，固定在裝備吊帶上。背包靠背部這邊可用來收納帳幕雨衣及口糧。

M24 手榴彈

《突擊包》（右腰）
收納1個3kg炸藥。左腰則收納1kg與2kg炸藥。

飯盒

收納2個3kg炸藥

水壺

雜物袋

在放有炸藥的木箱裝上長柄，用以破壞碉堡。

防毒面具

P08用槍套

步槍子彈袋

《各種炸藥》
炸藥會依目標種類選用。

120g
200g
1kg
3kg
10kg

炸藥

發煙筒

《破壞剪套與鋸套》

鋸子與破壞剪

破壞剪

鋸子

配備噴火器的工兵

壓縮燃料瓶

點火用氫氣瓶

防火面罩

引信孔

戰防雷

《戰防雷》
除了對付戰車之外，也能插上延期引信當作炸藥使用。

Tmi35
炸藥量4.9kg，引爆重量79.3～181.4kg

Tmi43
炸藥量5.5kg，引爆重量100～180kg

噴嘴

燃料瓶

《噴火器》
噴火器是一種能有效對付碉堡與掩體的兵器，由於最大連續噴火時間約只有10秒，因此會以短放方式分數次噴火。

耐火皮衣褲

FmW35噴火器重量：35.8kg，射程：25m～30m

FmW41噴火器傘兵用小型噴火器，非傘兵部隊也會使用。重量：18kg，射程：25m～30m

空降獵兵

德國空軍的空降獵兵領先世界從事傘降作戰,因而聲名大噪。其歷史始自1936年成立的傘兵學校,直到1945年戰爭結束,雖然期間不長,但也曾推出各式各樣的專用軍裝。

《M37傘兵盔》

改良自最初採用的M36傘兵盔。顎帶以鉤子連結內襯,各束帶有調節扣。側面下緣的開縫也可用來掛上後部顎帶。

《M38傘兵盔》

廢除M37的側面開縫,顎帶也改用鉚釘固定於盔體。

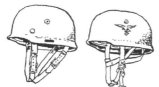

《傘兵刀》

可單手操作的彈簧刀,裝在傘兵褲的專用口袋裡。

《護膝》(早期型)

早期型會裝在褲子底下。

便帽

兵/士官的通常服裝,與其他空軍兵無異。

空勤襯衣

空軍腰帶

褲子

長筒靴

空降獵兵的軍裝　1937～1940年

M37傘兵盔

M38I型傘兵罩衫(早期型)

先著個人野戰裝備後再穿上罩衫。

RZ1降落傘套帶

RZ1降落傘

傘兵靴(早期型)

M38傘兵盔

空降獵兵的軍裝　1940～1941年

M38II型傘兵罩衫(中期型)

RZ16降落傘套帶

傘兵手套

護膝

護膝(後期型)

為了方便穿脫,改成裝在褲子外面。

傘兵褲

RZ16降落傘包

德軍不用副傘,僅以主傘空跳。

《傘兵靴》

側繫帶型(早期)　前繫帶型(後期)

專為跳傘設計的繫帶長靴

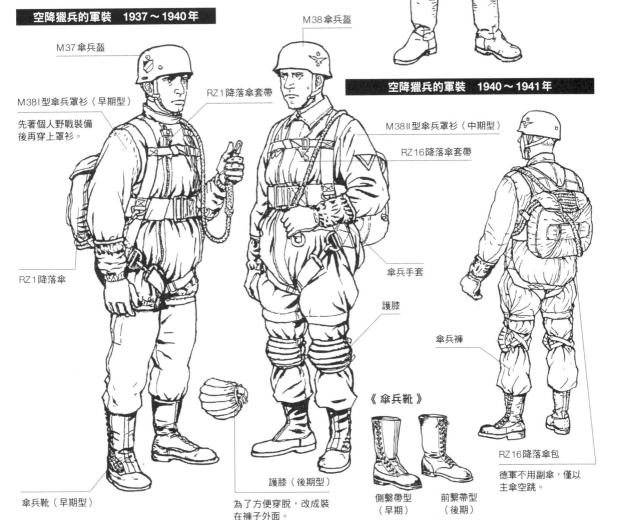

《彈帶》

持用Kar98k的士兵不攜帶彈藥盒,而是使用彈帶。各袋可放2個5發彈夾。

《MP38／MP40衝鋒槍用彈匣袋》

彈匣袋與一般步兵相同。

《步槍套》

用以保護Kar98k步槍槍機的套子。

《空軍空降獵兵徽》

授予跳傘結訓人員。

《盔布》

上方與側面有偽裝用祥帶。

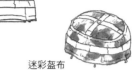

迷彩盔布
有破片與水紋迷彩兩種。

《M38 I型傘兵罩衫》

雙拉鍊的包腰褲式罩衫,顏色為卡其綠。

| 使用Kar98k步槍的空降獵兵 | 使用MP40衝鋒槍的空降獵兵 |

彈帶

《P08用槍套》

空降獵兵會使用魯格P08或華瑟P38等手槍。

M24手榴彈

MP40衝鋒槍

MP40衝鋒槍用彈匣袋

Kar98k步槍

套上迷彩盔布的鋼盔。

迷彩傘兵罩衫

P08用槍套

《M38 II型傘兵罩衫》

單拉鍊的包腰褲式罩衫,有加裝口袋。

《迷彩傘兵罩衫》

《防毒面具袋》

以帆布材質製成。

水壺

防毒面具袋

改成可以攜帶信號槍。

《裝備吊帶》

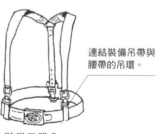

連結裝備吊帶與腰帶的吊環。

空軍的輕裝用,沒有D環。

一改包腰褲設計的全拉鍊開襟式,顏色也從單色改成破片紋迷彩。大戰後半期也會使用水紋迷彩。

武裝親衛隊（野戰服）

武裝親衛隊原本是由納粹黨組織的希特勒個人警衛部隊，但在二次大戰前已發展成一支僅次於陸海空軍的武裝組織。雖然武裝親衛隊的軍裝是以陸軍為準，但仍採用多款獨自設計的被服，特別是迷彩服，不僅樣式比陸軍多，也會使用效果較佳的迷彩花紋。

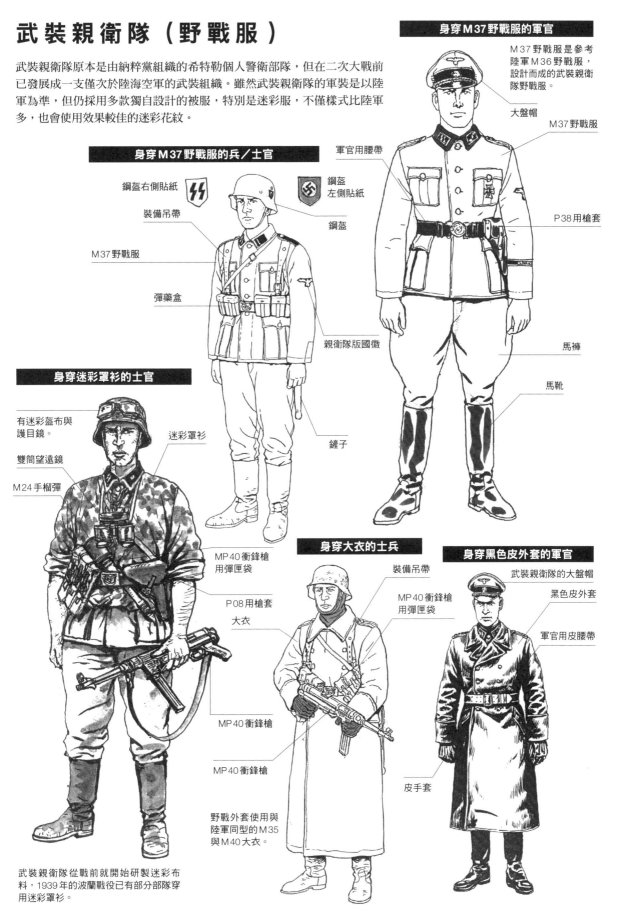

身穿M37野戰服的軍官

M37野戰服是參考陸軍M36野戰服，設計而成的武裝親衛隊野戰服。

大盤帽

M37野戰服

軍官用腰帶

P38用槍套

馬褲

馬靴

身穿M37野戰服的兵／士官

鋼盔右側貼紙

鋼盔左側貼紙

裝備吊帶

鋼盔

M37野戰服

彈藥盒

親衛隊版國徽

鏟子

身穿迷彩罩衫的士官

有迷彩盔布與護目鏡。

雙筒望遠鏡

M24手榴彈

迷彩罩衫

MP40衝鋒槍用彈匣袋

P08用槍套

身穿大衣的士兵

裝備吊帶

MP40衝鋒槍用彈匣袋

大衣

MP40衝鋒槍

MP40衝鋒槍

野戰外套使用與陸軍同型的M35與M40大衣。

身穿黑色皮外套的軍官

武裝親衛隊的大盤帽

黑色皮外套

軍官用皮腰帶

皮手套

武裝親衛隊從戰前就開始研製迷彩布料，1939年的波蘭戰役已有部分部隊穿用迷彩罩衫。

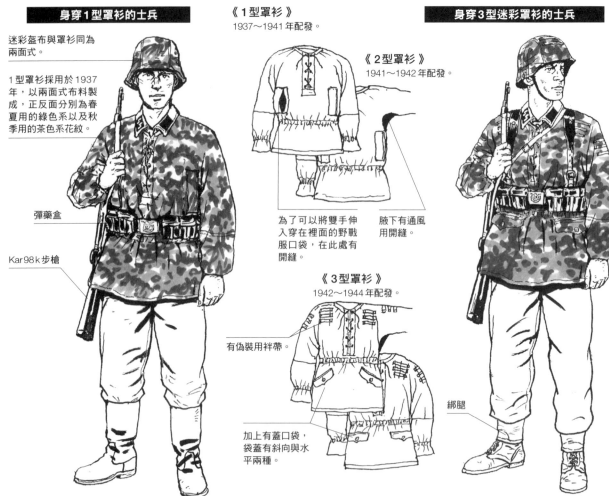

身穿1型罩衫的士兵

迷彩盔布與罩衫同為兩面式。

1型罩衫採用於1937年，以兩面式布料製成，正反面分別為春夏用的綠色系以及秋季用的茶色系花紋。

彈藥盒

Kar98k步槍

《1型罩衫》
1937～1941年配發。

《2型罩衫》
1941～1942年配發。

為了可以將雙手伸入穿在裡面的野戰服口袋，在此處有開縫。

腋下有通風用開縫。

《3型罩衫》
1942～1944年配發。

有偽裝用袢帶。

加上有蓋口袋，袋蓋有斜向與水平兩種。

身穿3型迷彩罩衫的士兵

綁腿

身穿M42防寒服的士兵

M42防寒服

武裝親衛隊獨自採用的套頭式連帽風衣型防寒服，風帽與衣服內面有毛皮內裡。

裝備吊帶

雙筒望遠鏡

防寒手套

地圖袋

MP40衝鋒槍

MP40衝鋒槍用彈匣袋

身穿防寒連帽風衣的士兵

防寒連帽風衣

1943年10月採用。與陸軍型差在迷彩花紋與袋蓋形狀（陸軍為水平，親衛隊為波型）。

突擊槍用彈匣袋

StG44突擊槍

義大利迷彩使用範例

套上迷彩盔布。

MG42機槍的彈鏈

迷彩罩衫

MG42機槍

義大利迷彩罩褲

武裝親衛隊會利用義大利軍的迷彩布料，製作各種非正式迷彩服。圖中畫的是諾曼第戰線常見的武裝親衛隊迷彩罩衫與義大利迷彩罩褲。

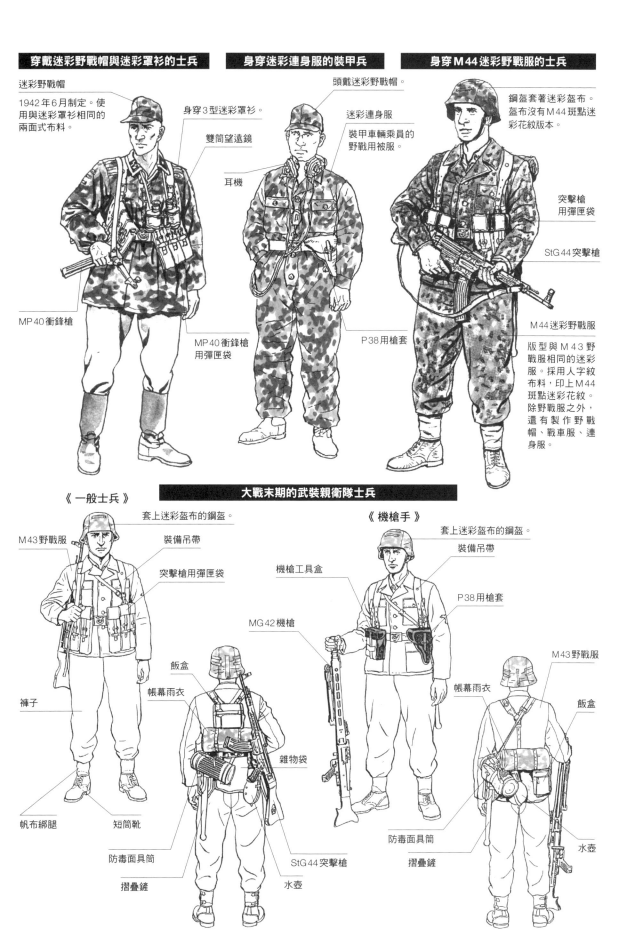

穿戴迷彩野戰帽與迷彩罩衫的士兵

迷彩野戰帽

1942年6月制定。使用與迷彩罩衫相同的兩面式布料。

身穿3型迷彩罩衫。

雙筒望遠鏡

MP40衝鋒槍

身穿迷彩連身服的裝甲兵

頭戴迷彩野戰帽。

迷彩連身服

裝甲車輛乘員的野戰用被服。

耳機

MP40衝鋒槍用彈匣袋

身穿M44迷彩野戰服的士兵

鋼盔套著迷彩盔布。盔布沒有M44斑點迷彩花紋版本。

突擊槍用彈匣袋

StG44突擊槍

P38用槍套

M44迷彩野戰服

版型與M43野戰服相同的迷彩服。採用人字紋布料，印上M44斑點迷彩花紋。除野戰服之外，還有製作野戰帽、戰車服、連身服。

大戰末期的武裝親衛隊士兵

《一般士兵》

套上迷彩盔布的鋼盔。

M43野戰服

裝備吊帶

突擊槍用彈匣袋

褲子

飯盒

帳幕雨衣

雜物袋

StG44突擊槍

水壺

帆布綁腿

短筒靴

防毒面具筒

摺疊鏟

《機槍手》

套上迷彩盔布的鋼盔。

機槍工具盒

裝備吊帶

P38用槍套

MG42機槍

M43野戰服

帳幕雨衣

飯盒

防毒面具筒

摺疊鏟

水壺

武裝親衛隊的外籍部隊

要成為武裝親衛隊的隊員，除須具備德國國籍，對人種也有嚴格規定。然而，隨著戰局惡化，人員因損耗率過高而捉襟見肘。為了解決這個問題，自1943年起，便由盟邦及占領地的德裔居民、反共產主義者與親德人士等編組志願部隊。德國籍人士編組的志願部隊稱「SS師」，德裔居民部隊稱作「志願師」，其他人種部隊則稱作「武裝師」，以資區別。

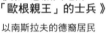

外籍部隊會在制服的領子與袖子縫上部隊章，有些部隊也會制訂袖口隊名章。

一般SS領章
只有正規部隊才能使用。

第7志願山地師「歐根親王」

第23 SS武裝山地師「聖刀」（克羅埃西亞第1師）

第23 SS武裝山地師「卡瑪」（克羅埃西亞第2師）

第29 SS武裝擲彈兵師（義大利第1師）

克羅埃西亞部隊章縫於左臂。

《第7志願山地師「歐根親王」的士兵》

以南斯拉夫的德裔居民編制而成的部隊。

《第23武裝山地師「聖刀」的士兵》（克羅埃西亞第1師）

以南斯拉夫的穆斯林居民編制而成。

親衛隊山地部隊章

《第29武裝擲彈兵師》（義大利第1師）

以舊義大利王國軍俘虜等義大利軍人編制而成，軍裝與義大利軍相同。

義大利軍徽章

ITALIA
義大利部隊章

以德裔外國人與芬蘭人構成的部隊。

主要由斯堪地那維亞半島出身者構成。

與「北方」一樣，主要由斯堪地那維亞半島出身者構成。

第5 SS裝甲師「維京」

第6 SS山地師「北方」

第11 SS志願裝甲擲彈兵師「北地」

丹麥部隊章

挪威部隊章

《第 20 SS 武裝擲彈兵師》（愛沙尼亞第 1 師）

領章

愛沙尼亞人志願部隊

臂章

《英國自由軍團》

領章

由英軍俘虜編制而成的部隊，人數較少，且不會單獨從事戰鬥。

袖章

《第 14 SS 武裝擲彈兵師「加利西亞」》（烏克蘭第 1 師）

領章

臂章

烏克蘭加利西亞地區的志願兵

第 15 SS 武裝擲彈兵師（拉脫維亞第 1 師）

徵調拉脫維亞人編制而成。

第 18 SS 志願裝甲擲彈兵師「霍斯特・威塞爾」

以德裔匈牙利人為主的志願部隊。

第 19 SS 武裝擲彈兵師（拉脫維亞第 2 師）

以拉脫維亞人編制而成的部隊。

第 23 SS 志願裝甲擲彈兵師「尼德蘭」（荷蘭第 1 師）

主要由荷蘭人編成的志願部隊。

1941 年 11 月～1943 年 9 月使用的領章。

第 27 SS 志願擲彈兵師「蘭格馬克」（佛拉蒙第 1 師）

由比利時的佛拉蒙人編組的志願部隊。

印度志願軍

1944 年，印度自由兵團與第 950 印度步兵團自陸軍移編至 SS 後編制而成。

第 29 SS 武裝擲彈兵師「羅納」（俄羅斯第 1 師）

以蘇軍俘虜為主的部隊。

挪威志願部隊袖章

法蘭德斯志願部隊袖章

第 21 SS 武裝山地師「斯坎德培」

由非日耳曼民族的阿爾巴尼亞人編制而成。

第 22 SS 志願騎兵師

由匈牙利、羅馬尼亞、塞爾維亞的德裔居民編制而成。

第 25 SS 武裝擲彈兵師「匈雅提」（匈牙利第 1 師）

由匈牙利人志願兵與前匈牙利軍官兵編制而成。

第 28 SS 志願擲彈兵師「瓦隆尼亞」（瓦隆第 1 師）

以比利時的瓦隆人志願兵編組而成。

第 33 SS 武裝擲彈兵師「查理曼」（法國第 1 師）

法國人志願部隊。

第 34 SS 志願擲彈兵師「尼德蘭國土風暴」（荷蘭第 2 師）

由荷蘭人志願兵編制而成。

第 30 SS 武裝擲彈兵師（白俄羅斯第 1 師）

領章有數種版本，但是否有實際使用則不得而知。

德軍的勳章與徽章

徽章與勳章的佩戴位置

德國十字勳章

戰車擊破章

2級鐵十字勳章（僅有勳帶）

各種勳表

各種盾章

1級鐵十字勳章

戰傷章

戰車突擊章

《飛機擊落章》

授予以輕兵器擊落低空飛行飛機者，擊落1駕頒銀章，擊落5架頒金章。

《戰車擊破章》

有銀與金兩種，以單兵武器擊毀戰車1輛頒銀章，擊毀5輛頒金章。

《戰傷章》

以負傷次數分成黑、銀、金三種等級。

《一般突擊章》

步兵或裝甲兵以外的士兵對敵發動3次以上攻擊始得獲頒。

《步兵突擊章》

依所屬部隊，頒贈銀章或銅章給授勳人員。

《戰車突擊章》

授予以戰車從事3次以上戰鬥的官兵。依戰鬥次數分成五個等級。

《戰車射擊績優章》

帶飾緒的榮譽章，授予射擊成績優異的裝甲兵。

《近身戰鬥章》

依從事近身戰鬥天數，分金、銀、銅三種等級。

《狙擊手章》

依狙擊擊倒的敵兵人數，分成三種等級。

《納爾維克盾章》

授予參與1940年4月9日至6月8日挪威納爾維克戰役之德國國防軍全體官兵。

《駕駛技術章》

授予車輛駕駛技術優秀人員。分金、銀、銅三種等級。

《空降獵兵章》

授予完成傘訓的空軍空降獵兵。自陸軍移編的空降獵兵部隊人員也列入對象。

《克里米亞盾章》

授予參與進攻塞瓦斯托波爾作戰的第11軍官兵。

《庫班盾章》

參與庫班橋頭堡攻防戰的軍人若滿足一定條件使得獲頒。

德軍的飾緒

陸軍禮服佩戴範例

軍官飾緒

海軍禮裝佩戴範例

副官飾緒

佩戴副官飾緒的陸軍軍官

熱帶制服的佩戴範例

大衣的佩戴範例

典禮等場合的戰車服佩戴範例

《騎士鐵十字勳章》

已有1級鐵十字勳章者若具優異軍功始得獲頒，自騎士鐵十字勳章至鑽石橡葉帶劍騎士鐵十字勳章共分四個等級。

鑽石橡葉帶劍騎士鐵十字勳章

橡葉帶劍騎士鐵十字勳章

橡葉騎士鐵十字勳章

騎士鐵十字勳章

《鐵十字勳章》

鐵十字勳章是頒贈給軍人的軍功勳章，授予有功官兵。

1級鐵十字勳章　2級鐵十字勳章

《德國十字勳章》

位階介於1級鐵十字勳章與騎士鐵十字勳章之間，分為金與銀兩種等級。

《戰功十字勳章》

位階次於鐵十字勳章，分為帶劍與無劍兩種，前者授予戰鬥有功人員，後者授予非戰鬥有功人員。

德國陸軍／武裝親衛隊的階級章

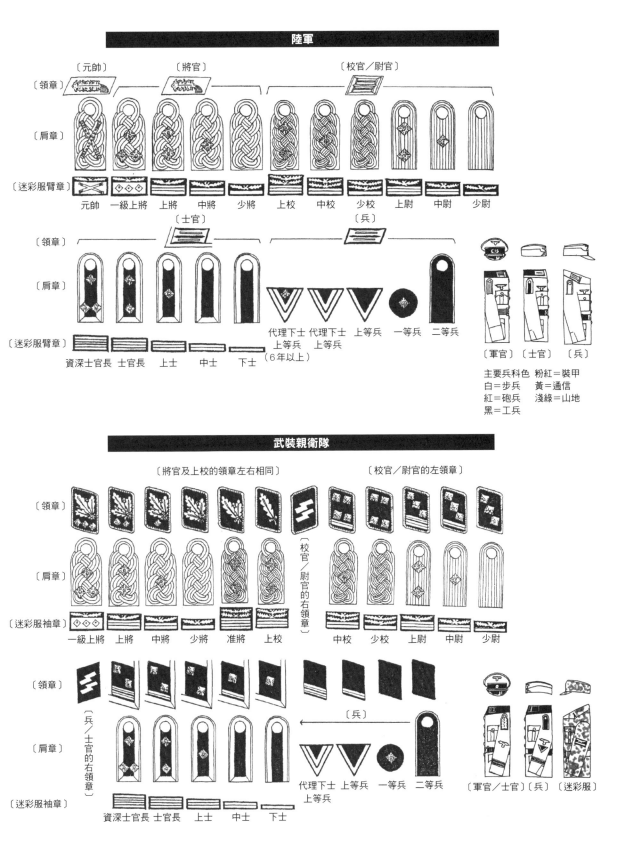

陸軍

〔領章〕　〔迷彩服臂章〕

〔元帥〕　〔將官〕　〔校官／尉官〕

〔肩章〕

元帥　一級上將　上將　中將　少將　上校　中校　少校　上尉　中尉　少尉

〔士官〕　〔兵〕

代理下士　代理下士　上等兵　一等兵　二等兵
上等兵　上等兵
（6年以上）

資深士官長　士官長　上士　中士　下士

〔軍官〕〔士官〕〔兵〕

主要兵科色　粉紅＝裝甲
白＝步兵　黃＝通信
紅＝砲兵　淺綠＝山地
黑＝工兵

武裝親衛隊

〔將官及上校的領章左右相同〕　〔校官／尉官的左領章〕

〔領章〕

〔肩章〕

〔校官／尉官的右領章〕

〔迷彩服袖章〕

一級上將　上將　中將　少將　准將　上校　中校　少校　上尉　中尉　少尉

〔兵／士官的右領章〕

〔兵〕

代理下士　上等兵　一等兵　二等兵
上等兵

資深士官長　士官長　上士　中士　下士

〔軍官／士官〕〔兵〕〔迷彩服〕

空軍

德國空軍的空勤人員從二次大戰緒戰開始，歷經英國本土航空作戰、東部戰線、北非戰線、地中海／義大利戰線，一直到德國本土防空戰，在各個戰區奮戰不懈。他們的軍裝包括軍常服與飛行服，使用的飛行裝備也相當多樣。

《 戴上LKp N101飛行帽與氧氣面罩的飛行員 》

LKp N101 飛行帽

Fl. 30550
飛行風鏡（前期型）

使用強化鏡片。

10-69氧氣面罩

降落傘套帶

空勤機組員的軍裝

《 LKp N101 飛行帽 》

頭部為夏季用網布。

Fl. 30550
飛行風鏡（後期型）

10-69氧氣面罩

喉頭麥克風

《 LKp W101 冬季用飛行帽 》

有羊毛內裡。

M303飛行風鏡

10-6701氧氣面罩

1938年採用的飛行帽

用來夾在夾克皮袢帶上固定的夾子。

喉頭麥克風

內有耳機

無線電電源線

耳機

《 身穿飛行皮夾克的軍官 》

大盤帽

佩戴徽章、階級章的私人皮夾克。

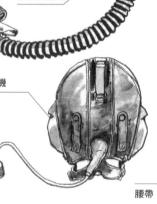

《 身穿救生衣的飛行員 》

110-30B-2救生衣

腰帶

制服用馬褲

飛行靴

LKp N101飛行帽與Fl.30550飛行風鏡

110-30B-2救生衣

皮夾克

《空軍胸章》

《空軍飛行員章》

《1級鐵十字勳章》

飛行皮手套

覆蓋至手腕的夏季用。

穿上海峽褲。

《110-30B-2救生衣》

以塗膠帆布製成的充氣式救生衣，是海上飛行不可或缺的裝備。

Pst4004飛行靴

《飛行皮夾克》

德軍的皮夾克不像美軍有公發品，而是軍官的私有物，因此會有各種不同款式。

《皮製兩件式飛行服上衣》

防寒飛行服的上衣，內裡有羊毛皮。依生產時期、生產地區、使用材質與設計而有數種不同款式。

《Pst3飛行靴》

內側有毛皮的防寒靴。靴面與靴口有調整用袢帶。

大盤帽

便帽

規格帽

《軍官用軍常服上衣》

上領片有銀色滾邊。

翻領式設計，前門襟有4顆鈕扣

便帽

空軍胸章

2級鐵十字勳章勳帶

軍官用皮腰帶

空勤襯衣

執行飛行任務用的被服，也會當成軍常服穿。

1級鐵十字勳章

飛行員章

馬褲

《P38用槍套》

馬靴

137

身穿一般軍常服的軍官

- 騎士鐵十字勳章
- 大盤帽
- 2級鐵十字勳章勳帶
- 1級鐵十字勳章
- 飛行員章
- 小型手槍用槍套

冬季連身飛行服

二次大戰早期使用的防寒飛行服，領子與內襯為毛皮。

前門襟以鈕扣閉合。

夏季連身飛行服

卡其棉布材質。

有皮製袢帶，可讓氧氣面罩的管子用夾子夾住固定。

以右肩至左腰的拉鍊開閉穿脫。

上士階級章

1940年法國戰役的戰鬥機飛行軍官

- 大盤帽
- 軍常服
- 救生衣
- 橫跨英法海峽作戰的飛行員必備品。

若處於溫暖季節或不須高空飛行時，有些戰鬥機飛行員會直接穿軍常服升空。

- 航空地圖
- 飛行靴

地中海戰線的戰鬥機飛行員

- 便帽
- 熱帶用卡其上衣
- 救生衣
- 卡其褲
- 短筒靴

冬季的德國本土防空戰飛行員

- 便帽
- 冬季用連身服飛行服

由於防空戰鬥部隊必須在高空攔截美、英轟炸機，因此得穿上冬季連身飛行服。

《座墊型降落傘著裝狀態》

背墊

海峽夾克

解脫扣具

將扣具旋轉90度，敲擊後即可解脫連結的套帶。

開傘把手

褲子的口袋裡裝有信號槍、刀具、求生裝備等物品。

30 IS 24 座墊型降落傘

兩件式棉質飛行服。冬季用夾克與褲子也有內藏電熱系統的款式。

《RH12背負式降落傘著裝狀態》

RH12背負式降落傘

毛皮領片。

解脫扣具

皮製兩件式飛行服。

開傘把手

《10-76-B-1救生衣》

長條結構裡裝有吉貝木棉浮材，主要由轟炸機組員使用。

信號槍用信號彈

《110-30B-2救生衣》

比吉貝木棉式輕便，因此較受戰鬥機飛行員歡迎。

吹氣管

CO_2 氣瓶與送氣閥

海軍

二戰爆發時，德國海軍尚未重整完畢，戰力不足以和英國海軍對抗，主要只能靠水面艦與U艇展開通商破壞作戰。大戰末期，失去艦船的海軍官兵匯整為陸戰部隊，編組出2個海軍步兵師。

軍官的軍裝

《著冬季軍常服的元帥》

《輪機少校禮服》

《著夏季軍常服的軍官》
上下共有4個打摺口袋。

翻領對襟單排扣設計

白色帽冠的大盤帽

長版外套

大疊襟雙排扣翻領式

兩袖有金線階級標識。

《著冬季軍常服的中尉》

禮服用腰帶

指揮刀

便帽

左右袖口有中尉階級標識。

水兵的軍裝

《水兵夏服》
口袋為無蓋無打摺的簡式設計。

《水兵禮服》
在水兵服外穿上短夾克型禮服。

《陸戰用軍裝》
鋼盔

《白色水兵服與紺色褲子的組合》

兵科章

階級章

以鏈條繫住前門襟內側2顆鈕扣。

鈕扣為裝飾用。

裝備吊帶

彈藥盒

Kar98k
步槍

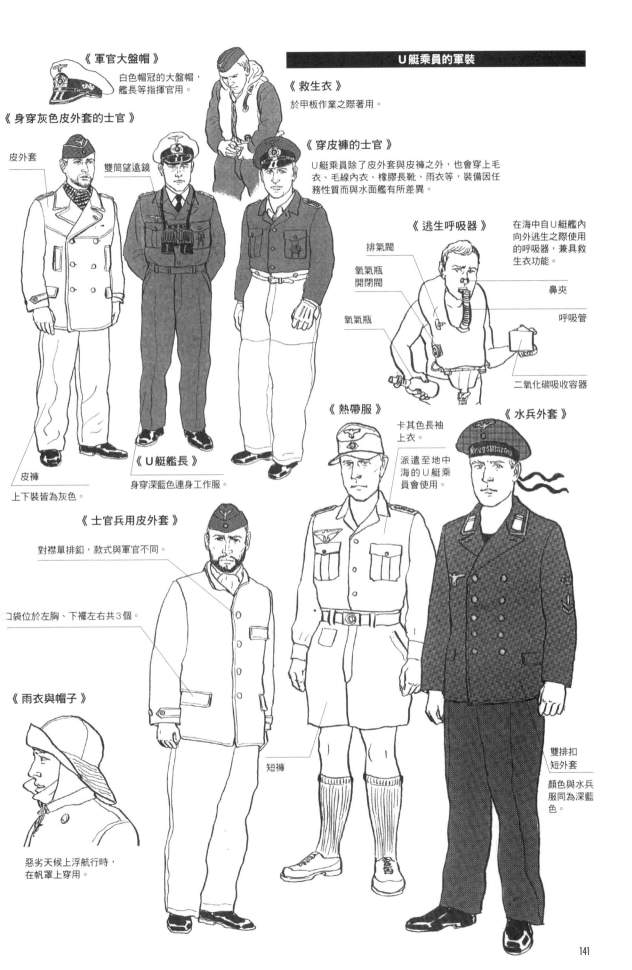

《軍官大盤帽》
白色帽冠的大盤帽，艦長等指揮官用。

《身穿灰色皮外套的士官》

皮外套

雙筒望遠鏡

《救生衣》
於甲板作業之際著用。

《穿皮褲的士官》
U艇乘員除了皮外套與皮褲之外，也會穿上毛衣、毛線內衣、橡膠長靴、雨衣等，裝備因任務性質而與水面艦有所差異。

《逃生呼吸器》
在海中自U艇艦內向外逃生之際使用的呼吸器，兼具救生衣功能。

排氣閥

氧氣瓶開閉閥

氧氣瓶

鼻夾

呼吸管

二氧化碳吸收容器

皮褲
上下裝皆為灰色。

《U艇艦長》
身穿深藍色連身工作服。

《熱帶服》
卡其色長袖上衣。
派遣至地中海的U艇乘員會使用。

《水兵外套》

《士官兵用皮外套》
對襟單排鈕，款式與軍官不同。

口袋位於左胸、下襬左右共3個。

《雨衣與帽子》
惡劣天候上浮航行時，在帆罩上穿用。

短褲

雙排扣短外套
顏色與水兵服同為深藍色。

德國海軍的徽章

大盤帽

將官

尉官

士官

校官
禮服及夏季用

岸上部隊軍官用
帽冠為野灰色，有飾緒。

《大盤帽的徽章》　《大盤帽的帽簷》

金色

將官

校官

尉官

《便帽》

軍官用

兵／士官用

《兵科章》　軍官用，別在袖章上方。

普通科

軍醫科

輪機科

砲術科

通信技術科

行政科

造兵科

海岸
砲兵科

通信科

《鋼盔》

左側貼紙　右側貼紙

《文官兵科章》　徽章為金色。

教官　藥劑官　牙醫官　法務官　技術士官　輪機士官　行政官

《水兵用無簷大盤帽》

冬季用

夏季用

《兵科識別章》　水兵用。縫在左臂階級章上方。紺色底金色圖樣。

普通科
水兵

信號手

電氣手

工作兵

火砲技師

魚雷技師

水雷技師

經理官

倉庫士官

藥劑師

軍樂兵

輪機士

通信士

砲術兵

陸上
駕駛手

防空
監視員

《水兵用無簷大盤帽黑絲捆帶》　以金字寫上軍種名、所屬艦名等。

施佩伯爵將軍號裝甲艦

老虎號水雷艇

海軍

《專長章》　縫於左臂兵科識別章下方。紺色底紅色圖樣。

砲術（輕防空砲）

砲術（中型砲）

輪機術

聲納術

潛水術

水雷術

射擊指揮

無線電手

測的術

德國空軍／海軍的階級章

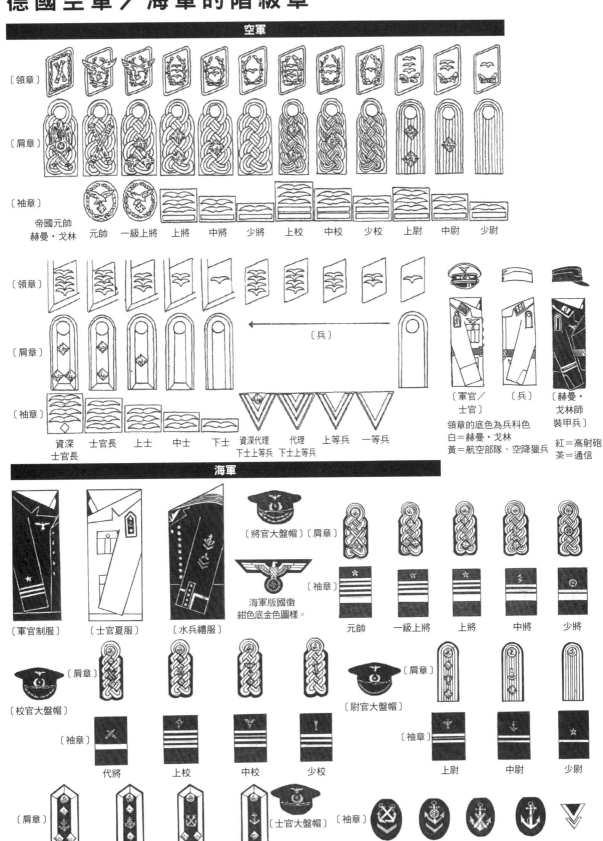

空軍

〔領章〕

〔肩章〕

〔袖章〕

帝國元帥
赫曼・戈林　元帥　一級上將　上將　中將　少將　上校　中校　少校　上尉　中尉　少尉

〔領章〕

〔肩章〕　〔兵〕

〔袖章〕

資深士官長　士官長　上士　中士　下士　資深代理下士上等兵　代理下士上等兵　上等兵　一等兵

〔軍官／士官〕　〔兵〕　〔赫曼・戈林師裝甲兵〕

領章的底色為兵科色
白＝赫曼・戈林
黃＝航空部隊、空降獵兵

紅＝高射砲
茶＝通信

海軍

〔軍官制服〕　〔士官夏服〕　〔水兵禮服〕

〔將官大盤帽〕〔肩章〕

〔袖章〕

海軍版國徽
紺色底金色圖樣。

元帥　一級上將　上將　中將　少將

〔校官大盤帽〕　〔肩章〕

〔袖章〕

代將　上校　中校　少校

〔尉官大盤帽〕〔肩章〕

〔袖章〕

上尉　中尉　少尉

〔肩章〕

一等士官長　二等士官長　一等上士　二等上士

〔士官大盤帽〕〔袖章〕

中士（補給科）　中士（輪機科）　下士（兵器科）　下士（普通科）　二等水兵（士官候補生）

日軍

日軍的軍裝自明治以後除了引進歐美技術之外，也加上日清、日俄戰爭等實戰經驗，配合兵器發展而逐步近代化。太平洋戰爭時期，除繼續使用1941年以前的軍裝，也新制定南方戰線用的防暑被服，並為傘兵等部隊製作專用軍裝。

太平洋戰爭的陸軍士兵

日本陸軍在太平洋戰爭開戰時使用的是1938年制定的九八式軍衣褲，九八式軍衣褲的設計比之前的昭五式更適合野戰，一直使用到戰爭結束。

三十年式刺刀

九〇式鋼盔

階級章

雜物袋背帶

背包背帶

裝在背包上的攜帶式帳幕

昭五式軍衣

防毒面具袋

彈藥盒

三八式步槍

軍褲

綁腿

綁腿布條於前方交差的纏法稱為「戰鬥捲」。

繫帶軍靴

《九〇式鋼盔》

鋼盔內襯為皮製品，裡面有緩衝墊，以正面星章與偏後方左右兩側共3顆螺絲固定。

頸帶會穿過左右及後方內側的帶環使用。

頸帶為卡其綿布材質。

日軍首次在實戰中使用鋼盔，是1928年5月的濟南事件。之後經過幾次試製，於1930年制定這款最能代表日本兵形象的鋼盔。由於剛採用時是把鋼盔歸類為兵器，因此稱為「鐵兜」，但在1932年又改歸類為被服，改稱「鐵帽」。1938年，為了強化對步槍彈的抗彈性，又制式採用了一款九八式鋼盔，但九〇式仍持續使用到太平洋戰爭戰爭結束。

日本陸軍軍衣

《昭五式軍衣》

明治四五年（1912年）制式軍服的最後版本，制定於昭和五年（1930年）。

九八式軍衣也能以翻領方式穿著。

《四五式軍帽》

士官／兵用大盤帽，一直使用到戰爭結束。

《便帽》

1932年左右開始使用，但要到1938年5月才制式化。

《九八式軍衣》

1938年制定的九八式軍衣。此款軍服經過大幅修正，上衣改成立式翻領，階級章也從肩章改成領章。

《三式軍衣》

1943年制定的戰時型軍服，簡化了設計、縮短製造工程，並節省布料。除此之外，鈕扣也改成電木等替代材料。

《防暑衣》

1938年制定的熱帶軍衣。

防暑衣腋下的通風孔。

《決戰服》

1944年12月制定的戰時服裝，僅保留胸口袋，比三式軍衣更為簡化。

《階級章的變化》

1938年制定

1943年制定

九〇式鋼盔

攜帶式帳幕

階級章

背包背帶

九八式軍衣

彈藥盒

防毒面具袋

軍褲

綁腿

繫帶軍靴

三八式步槍

繫帶軍靴

到了1944年，由於物資不足，開始出現使用替代材質的裝備。軍靴除了牛皮之外也會使用豬皮，並以橡膠製造靴底。

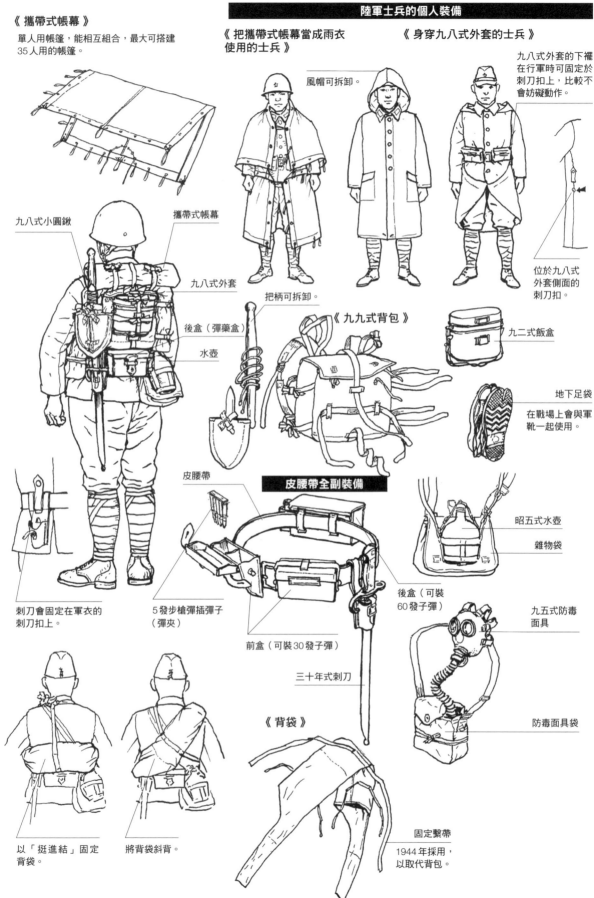

《 攜帶式帳幕 》

單人用帳篷，能相互組合，最大可搭建 35 人用的帳篷。

《 把攜帶式帳幕當成雨衣 使用的士兵 》

風帽可拆卸。

《 身穿九八式外套的士兵 》

九八式外套的下襬 在行軍時可固定於 刺刀扣上，比較不 會妨礙動作。

位於九八式 外套側面的 刺刀扣。

九八式小圓鍬

攜帶式帳幕

九八式外套

後盒（彈藥盒）

水壺

把柄可拆卸。

《 九九式背包 》

九二式飯盒

地下足袋

在戰場上會與軍 靴一起使用。

刺刀會固定在軍衣的 刺刀扣上。

皮腰帶

皮腰帶全副裝備

昭五式水壺

雜物袋

5 發步槍彈插彈子 （彈夾）

前盒（可裝 30 發子彈）

三十年式刺刀

後盒（可裝 60 發子彈）

九五式防毒 面具

防毒面具袋

以「挺進結」固定 背袋。

將背袋斜背。

《 背袋 》

固定繫帶

1944 年採用， 以取代背包。

陸軍的防寒裝備

日軍以在朝鮮半島北部與中國北部活動為推演想定，從明治時期便開始著手研製防寒裝備。汲取日俄戰爭的經驗後，又比他國更為重視防寒裝備。

《 昭五式外套 》

兵／士官用大衣，雙排扣大疊襟可配合風向選擇以左疊或右疊方式穿用。

《 九八式外套 》

簡化縫製工程，改成單排扣對襟式設計。風帽尺寸較大，可蓋住鋼盔或大盤帽。

《 軍官用九八式外套 》

由於軍官被服必須自行籌購，因此也會使用有毛皮的私人外套。軍官基本上會穿長靴，但在酷寒時也會使用士兵的防寒長靴。

《 三式外套 》

軍官用雨衣

軍官用

兵用

階級標識

尉官　佐官　將官

由於戴上風帽後會遮住階級章，因此會在頸片別上階級標識。

軍官與士兵都會在軍服外穿著外套，然後再著上裝備。

九八式外套的背面，設計和雨衣相同。

防寒被服與防寒裝備

《防寒水壺套》　《防寒飯盒套》

為了防止結凍，水壺與飯盒套採用兔毛皮內襯。

《雪地用被服》

穿在防寒服外的白色雪地外套，主要撥發給駐庫頁島和滿州的部隊。滑雪部隊會連鋼盔、刺刀都漆上白色偽裝。

《防寒大手套》　《防寒頭套》　《防寒帽》

內裡與帽沿為白色或茶色的兔毛皮。

放下耳罩的狀態。

《身穿防寒被服的全副武裝士兵》

防止凍傷用的鼻罩

階級章

防寒被服背面

白色綁腿

外套的袖子可透過鈕扣拆裝。

《防寒外套下的衣物》

防寒頭套
（外層再戴防寒帽）

防寒襯衣

防寒背心
（外層穿上軍衣）

防寒七分褲
（穿在軍褲外層）

小手套

防寒靴
（外層穿上防寒綁腿）

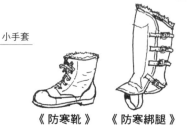

《防寒靴》　《防寒綁腿》

《防寒短靴》

《防寒長靴》

附冰上行走用防滑爪。

148

南方戰線的陸軍士兵

太平洋戰爭的主戰場位於南方和緬甸等熱帶地區，因此除了戰前就有的熱帶防暑被服與裝備外，還會採用新式被服。

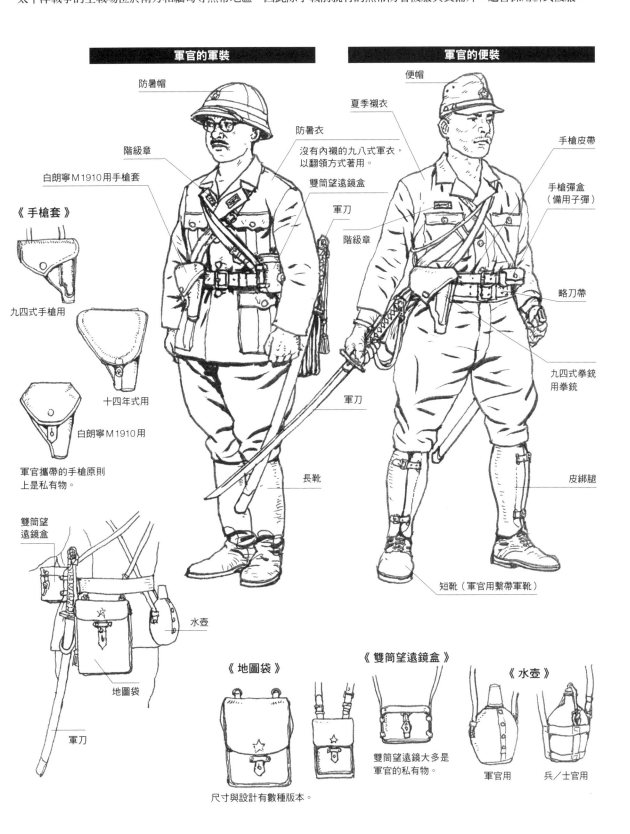

軍官的軍裝

防暑帽

階級章

白朗寧M1910用手槍套

《手槍套》

九四式手槍用

十四年式用

白朗寧M1910用

軍官攜帶的手槍原則
上是私有物。

雙筒望
遠鏡盒

地圖袋

軍刀

軍官的便裝

便帽

夏季襯衣

防暑衣

沒有內襯的九八式軍衣，
以翻領方式著用。

雙筒望遠鏡盒

軍刀

階級章

長靴

水壺

手槍皮帶

手槍彈盒
（備用子彈）

略刀帶

九四式拳銃
用拳銃

皮綁腿

軍刀

短靴（軍官用繫帶軍靴）

《地圖袋》

《雙筒望遠鏡盒》

雙筒望遠鏡大多是
軍官的私有物。

尺寸與設計有數種版本。

《水壺》

軍官用

兵／士官用

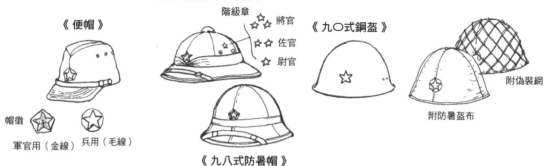

《便帽》

《防暑帽》（軍官用）

階級章
☆☆☆ 將官
☆☆ 佐官
☆ 尉官

《九〇式鋼盔》

附偽裝網

附防暑盔布

帽徽
軍官用（金線）
兵用（毛線）

《九八式防暑帽》

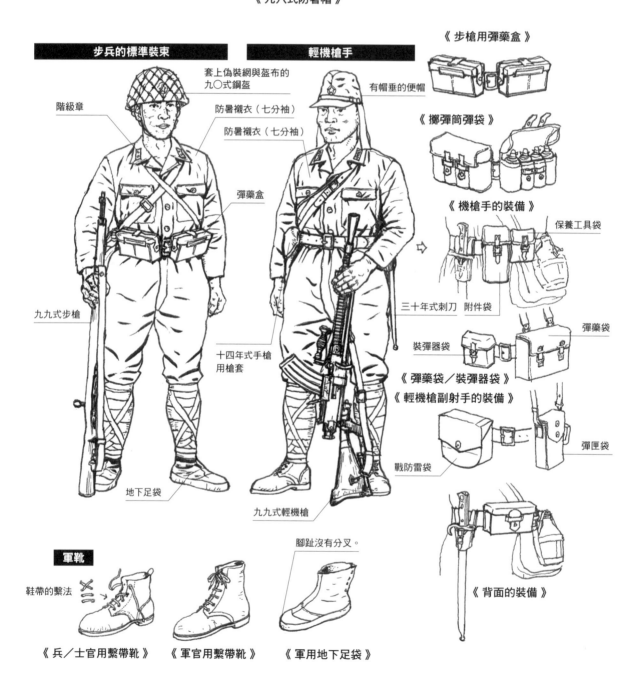

步兵的標準裝束

套上偽裝網與盔布的
九〇式鋼盔

階級章

防暑襯衣（七分袖）

防暑襯衣（七分袖）

彈藥盒

九九式步槍

十四年式手槍
用槍套

地下足袋

輕機槍手

有帽垂的便帽

三十年式刺刀

九九式輕機槍

《步槍用彈藥盒》

《擲彈筒彈袋》

《機槍手的裝備》

保養工具袋

附件袋

裝彈器袋

彈藥袋

《彈藥袋／裝彈器袋》

《輕機槍副射手的裝備》

戰防雷袋

彈匣袋

《背面的裝備》

軍靴

鞋帶的繫法

腳趾沒有分叉。

《兵／士官用繫帶靴》　　《軍官用繫帶靴》　　《軍用地下足袋》

傘兵部隊

日軍的傘兵部隊由海軍於1942年1月在印尼的美娜多實施首次空降作戰，陸軍也在翌月於巨港成功執行空降作戰。由於傘兵於這些戰役展現身手，因此被稱為「空中神兵」。

陸軍挺進隊

陸軍的傘兵部隊始於1940年11月成立的濱松陸軍飛行學校訓練部，翌年9月改稱陸軍挺進練習部，翌10月編組教導挺進第一團，12月成為挺進第一團。

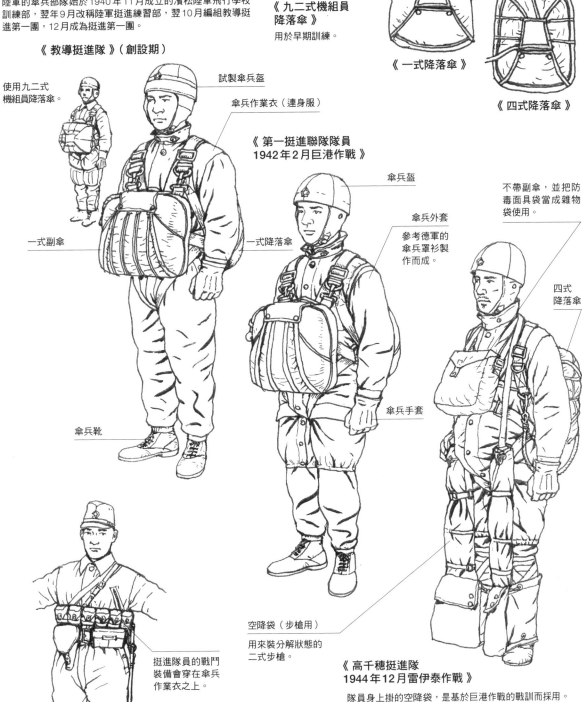

日軍的降落傘

《九二式機組員降落傘》
用於早期訓練。

《一式降落傘》

《四式降落傘》

《教導挺進隊》（創設期）

使用九二式機組員降落傘。

試製傘兵盔

傘兵作業衣（連身服）

《第一挺進聯隊隊員1942年2月巨港作戰》

傘兵盔

傘兵外套
參考德軍的傘兵罩衫製作而成。

不帶副傘，並把防毒面具袋當成雜物袋使用。

一式副傘

一式降落傘

四式降落傘

傘兵手套

傘兵靴

挺進隊員的戰鬥裝備會穿在傘兵作業衣之上。

空降袋（步槍用）
用來裝分解狀態的二式步槍。

《高千穗挺進隊1944年12月雷伊泰作戰》

隊員身上掛的空降袋，是基於巨港作戰的戰訓而採用。實施陸軍傘兵最後一次空降的高千穗挺進隊員，會在身上盡可能多帶武器彈藥，並於夜間跳傘。

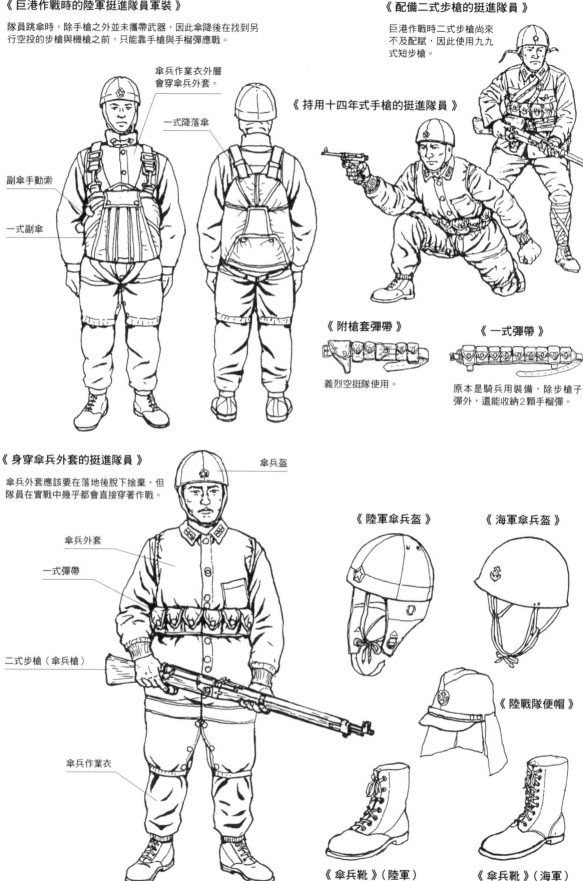

《 巨港作戰時的陸軍挺進隊員軍裝 》

隊員跳傘時，除手槍之外並未攜帶武器，因此傘降後在找到另行空投的步槍與機槍之前，只能靠手槍與手榴彈應戰。

傘兵作業衣外層會穿傘兵外套。

一式降落傘

副傘手動索

一式副傘

《 配備二式步槍的挺進隊員 》

巨港作戰時二式步槍尚來不及配賦，因此使用九九式短步槍。

《 持用十四年式手槍的挺進隊員 》

《 附槍套彈帶 》

義烈空挺隊使用。

《 一式彈帶 》

原本是騎兵用裝備，除步槍子彈外，還能收納2顆手榴彈。

《 身穿傘兵外套的挺進隊員 》

傘兵外套應該要在落地後脫下捨棄，但隊員在實戰中幾乎都會直接穿著作戰。

傘兵盔

傘兵外套

一式彈帶

二式步槍（傘兵槍）

傘兵作業衣

《 陸軍傘兵盔 》

《 海軍傘兵盔 》

《 陸戰隊便帽 》

《 傘兵靴 》（陸軍）

《 傘兵靴 》（海軍）

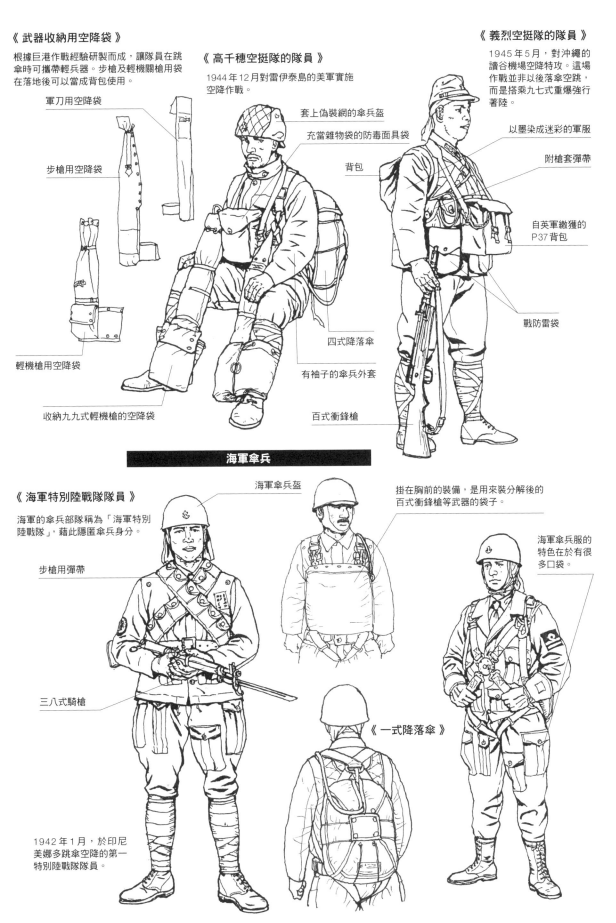

《 武器收納用空降袋 》

根據巨港作戰經驗研製而成，讓隊員在跳傘時可攜帶輕兵器。步槍及輕機關槍用袋在落地後可以當成背包使用。

軍刀用空降袋

步槍用空降袋

輕機槍用空降袋

收納九九式輕機槍的空降袋

《 高千穗空挺隊的隊員 》

1944年12月對雷伊泰島的美軍實施空降作戰。

套上偽裝網的傘兵盔

充當雜物袋的防毒面具袋

背包

四式降落傘

有袖子的傘兵外套

百式衝鋒槍

《 義烈空挺隊的隊員 》

1945年5月，對沖繩的讀谷機場空降特攻。這場作戰並非以後落傘空跳，而是搭乘九七式重爆強行著陸。

以墨染成迷彩的軍服

附槍套彈帶

自英軍繳獲的P37背包

戰防雷袋

海軍傘兵

《 海軍特別陸戰隊隊員 》

海軍的傘兵部隊稱為「海軍特別陸戰隊」，藉此隱匿傘兵身分。

步槍用彈帶

三八式騎槍

海軍傘兵盔

掛在胸前的裝備，是用來裝分解後的百式衝鋒槍等武器的袋子。

海軍傘兵服的特色在於有很多口袋。

《 一式降落傘 》

1942年1月，於印尼美娜多跳傘空降的第一特別陸戰隊隊員。

陸軍裝甲兵

日本陸軍的裝甲部隊歷史，始於1918年10月自英國進口Mk.IV戰車供研究使用，後來除了從英國與法國進口戰車外，也開始著手研發自製。1927年，試製一號戰車完成，後來從八九式中戰車開始陸續推出多款自製戰車。裝甲兵的軍裝也伴隨戰車發展，在太平洋戰爭之前已制定出各種專用軍裝。

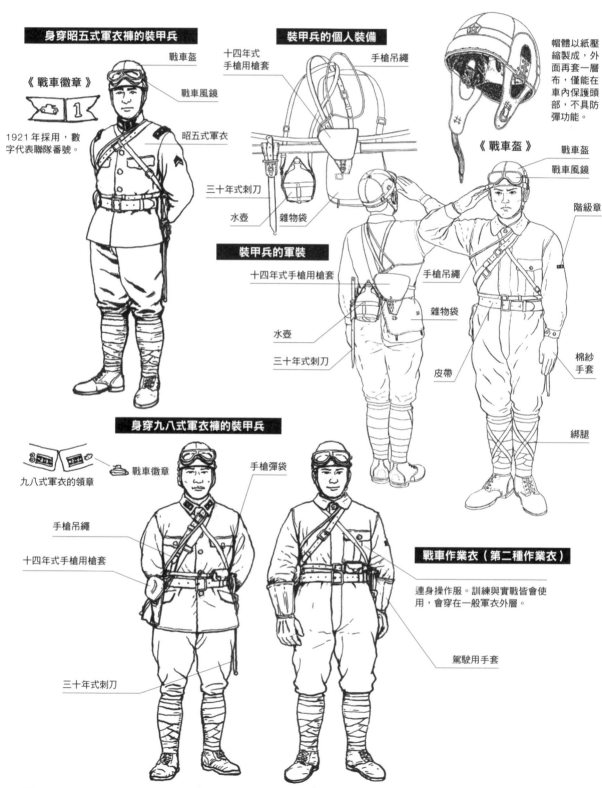

身穿昭五式軍衣褲的裝甲兵

戰車盔

戰車風鏡

昭五式軍衣

《戰車徽章》

1921年採用，數字代表聯隊番號。

裝甲兵的個人裝備

十四年式手槍用槍套

手槍吊繩

三十年式刺刀

水壺

雜物袋

裝甲兵的軍裝

十四年式手槍用槍套

水壺

三十年式刺刀

手槍吊繩

雜物袋

皮帶

帽體以紙壓縮製成，外面再套一層布，僅能在車內保護頭部，不具防彈功能。

《戰車盔》

戰車盔

戰車風鏡

階級章

棉紗手套

綁腿

身穿九八式軍衣褲的裝甲兵

九八式軍衣的領章

戰車徽章

手槍吊繩

十四年式手槍用槍套

三十年式刺刀

手槍彈袋

戰車作業衣（第二種作業衣）

連身操作服。訓練與實戰皆會使用，會穿在一般軍衣外層。

駕駛用手套

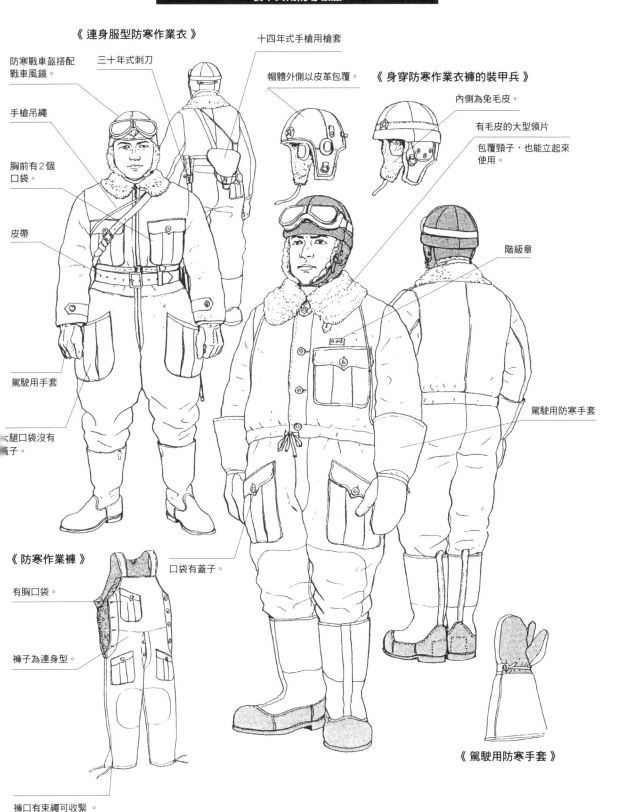

《 連身服型防寒作業衣 》

十四年式手槍用槍套

防寒戰車盔搭配
戰車風鏡。

三十年式刺刀

帽體外側以皮革包覆。

《 身穿防寒作業衣褲的裝甲兵 》

手槍吊繩

內側為兔毛皮。

胸前有2個
口袋。

有毛皮的大型領片

皮帶

包覆頸子，也能立起來
使用。

階級章

駕駛用手套

駕駛用防寒手套

大腿口袋沒有
子。

《 防寒作業褲 》

口袋有蓋子。

有胸口袋。

褲子為連身型。

《 駕駛用防寒手套 》

褲口有束繩可收緊 。

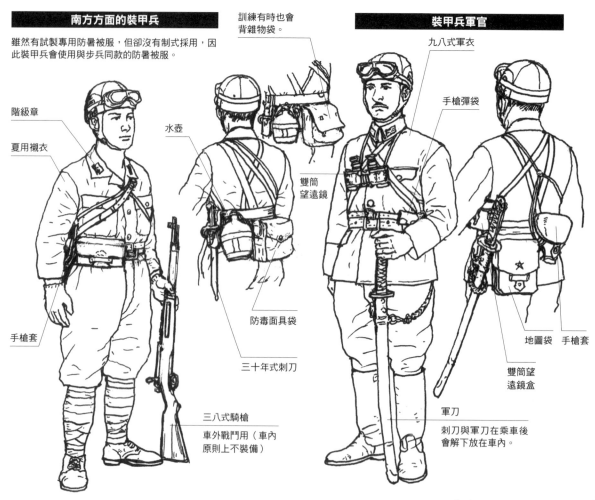

雖然有試製專用防暑被服，但卻沒有制式採用，因此裝甲兵會使用與步兵同款的防暑被服。

訓練有時也會背雜物袋。

階級章

夏用襯衣

水壺

九八式軍衣

手槍彈袋

手槍套

防毒面具袋

雙筒望遠鏡

三十年式刺刀

地圖袋　手槍套

雙筒望遠鏡盒

軍刀

刺刀與軍刀在乘車後會解下放在車內。

三八式騎槍
車外戰鬥用（車內原則上不裝備）

《戰車風鏡》

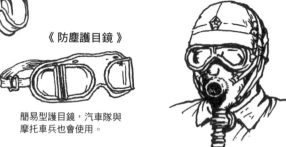

《防塵護目鏡》

鏡片在二層玻璃之間夾有明膠，破裂時碎片較不易飛散。

簡易型護目鏡，汽車隊與摩托車兵也會使用。

《裝甲兵用易脫式防毒面具》

可單手穿脫，眼睛以戰車風鏡保護。

《通信用耳機與喉頭麥克風》

《軍用車輛徽章》

（1936年）

戰車駕駛

戰車射手

（1936年）

汽車駕駛

戰車／裝甲車駕駛
（1941年）
士官

戰車／裝甲車射手
（1941年）

兵

徽章佩戴於第3與第4鈕扣之間。

（1942年）
牽引車駕駛
士官

兵

海軍陸戰隊

海軍的陸戰隊原本是由艦艇部分乘員臨時編組的登陸部隊，並非常設部隊。到了1932年，於上海編組常設性的上海特別陸戰隊之後，也陸續組建特設鎮守府特別陸戰隊以及警備隊等。陸戰隊的戰鬥裝備獨具一格，與陸軍並不相同。

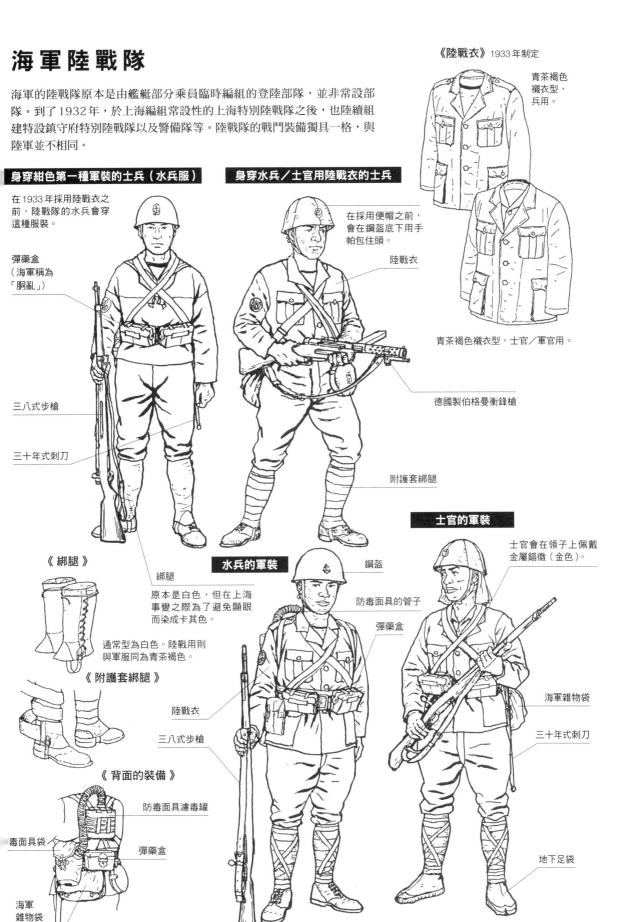

《陸戰衣》1933 年制定

青茶褐色襯衣型，兵用。

青茶褐色襯衣型，士官／軍官用。

身穿紺色第一種軍裝的士兵（水兵服）

在1933年採用陸戰衣之前，陸戰隊的水兵會穿這種服裝。

彈藥盒（海軍稱為「胴亂」）

三八式步槍

三十年式刺刀

《綁腿》

綁腿

原本是白色，但在上海事變之際為了避免顯眼而染成卡其色。

通常型為白色。陸戰用則與軍服同為青茶褐色。

《附護套綁腿》

身穿水兵／士官用陸戰衣的士兵

在採用便帽之前，會在鋼盔底下用手帕包住頭。

陸戰衣

德國製伯格曼衝鋒槍

附護套綁腿

水兵的軍裝

鋼盔

防毒面具的管子

彈藥盒

陸戰衣

三八式步槍

士官的軍裝

士官會在領子上佩戴金屬錨徽（金色）。

海軍雜物袋

三十年式刺刀

地下足袋

《背面的裝備》

防毒面具濾毒罐

毒面具袋

彈藥盒

海軍雜物袋

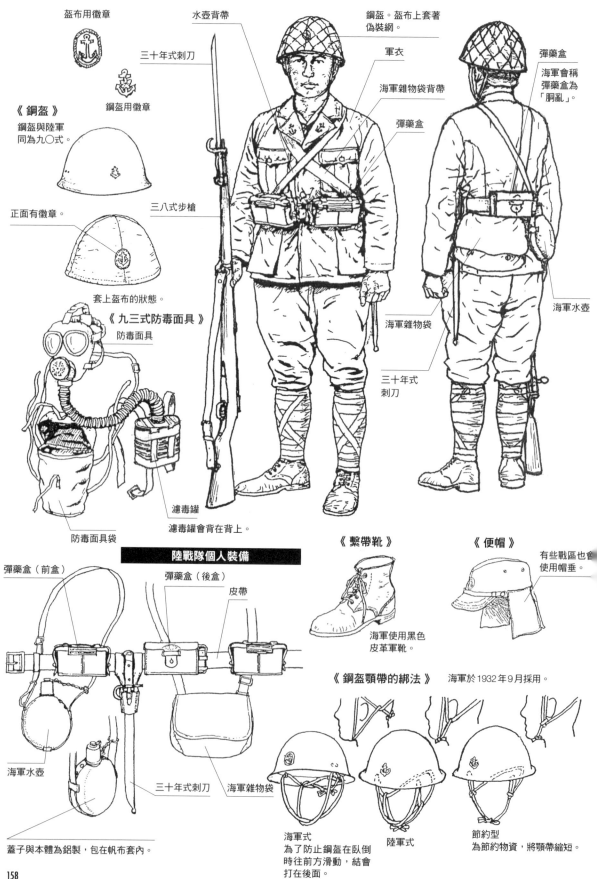

盔布用徽章

水壺背帶

鋼盔。盔布上套著偽裝網。

三十年式刺刀

軍衣

海軍雜物袋背帶

鋼盔用徽章

彈藥盒

彈藥盒

海軍會稱彈藥盒為「胴亂」。

《鋼盔》
鋼盔與陸軍同為九〇式。

正面有徽章。

三八式步槍

海軍雜物袋

海軍水壺

套上盔布的狀態。

《九三式防毒面具》

防毒面具

三十年式刺刀

濾毒罐

濾毒罐會背在背上。

防毒面具袋

陸戰隊個人裝備

彈藥盒（前盒）

彈藥盒（後盒）

皮帶

海軍水壺

三十年式刺刀

海軍雜物袋

蓋子與本體為鋁製，包在帆布套內。

《繫帶靴》

海軍使用黑色皮革軍靴。

《便帽》

有些戰區也會使用帽垂。

《鋼盔顎帶的綁法》　海軍於1932年9月採用。

海軍式
為了防止鋼盔在臥倒時往前方滑動，結會打在後面。

陸軍式

節約型
為節約物資，將顎帶縮短。

《水兵帽》

《士官大盤帽》

《軍官大盤帽》

《第三種便帽》 1943年制定

兵

帽徽

士官

軍官

《防暑帽》

《第三種軍裝上衣背面》

背部中央有摺縫。

陸戰隊軍官

便帽
1937年採用。

青茶褐色陸戰衣
1933年採用。

軍刀

《軍官用手槍套》

九四式手槍用

白朗寧 M1910用

手槍套

軍官的長靴為私有物。

長靴

軍官的戰鬥裝備

套上偽裝網的鋼盔。

手槍套

軍官的手槍與槍套
基本上都是私有物。

《劍帶》（陸戰腰帶）

虛線為軍刀短掛狀態。

軍官的軍裝

有帽垂。

便帽

領章

雙筒
望遠鏡

野戰用軍刀

皮綁腿（黑色）

《航空長筒靴》

陸戰隊也會使用。

《士官的裝備》

士官刀

十四年式手槍用槍套

地圖袋

《軍官的裝備》

劍帶

地圖袋

水壺
士兵、士官、軍官
皆為同型。

159

陸海軍特攻隊

特攻作戰始於 1944 年 10 月的菲律賓戰役，作戰方式包括航空、水面、水下攻擊，在戰爭結束前犧牲了許多寶貴的年輕生命。

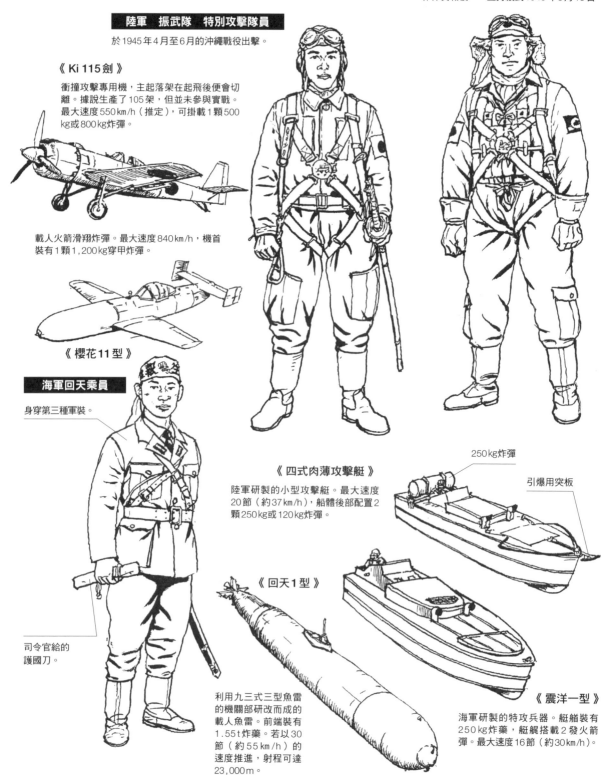

陸軍 振武隊 特別攻擊隊員

於 1945 年 4 月至 6 月的沖繩戰役出擊。

《Ki 115 劍》

衝撞攻擊專用機，主起落架在起飛後便會切離。據說生產了 105 架，但並未參與實戰。最大速度 550 km/h（推定），可掛載 1 顆 500 kg 或 800 kg 炸彈。

載人火箭滑翔炸彈。最大速度 840 km/h，機首裝有 1 顆 1,200 kg 穿甲炸彈。

《櫻花 11 型》

海軍 神風 特別攻擊隊員

海軍的神風特別攻擊隊始於 1944 年 10 月的菲律賓戰役，一直持續到 1945 年 8 月 15 日。

海軍回天乘員

身穿第三種軍裝。

司令官給的護國刀。

《四式肉薄攻擊艇》

陸軍研製的小型攻擊艇。最大速度 20 節（約 37 km/h），船體後部配置 2 顆 250 kg 或 120 kg 炸彈。

250 kg 炸彈

引爆用突板

《回天 1 型》

利用九三式三型魚雷的機關部研改而成的載人魚雷。前端裝有 1.55 t 炸藥。若以 30 節（約 55 km/h）的速度推進，射程可達 23,000 m。

《震洋一型》

海軍研製的特攻兵器。艇艏裝有 250 kg 炸藥，艇艉搭載 2 發火箭彈。最大速度 16 節（約 30 km/h）。

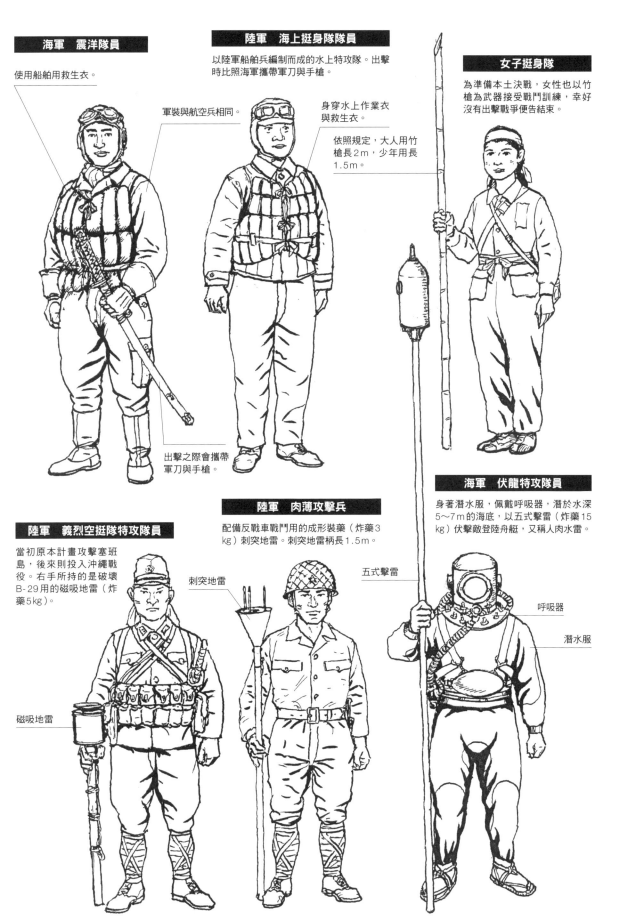

海軍 震洋隊員

使用船舶用救生衣。

軍裝與航空兵相同。

出擊之際會攜帶軍刀與手槍。

陸軍 海上挺身隊隊員

以陸軍船舶兵編制而成的水上特攻隊。出擊時比照海軍攜帶軍刀與手槍。

身穿水上作業衣與救生衣。

依照規定，大人用竹槍長2m，少年用長1.5m。

女子挺身隊

為準備本土決戰，女性也以竹槍為武器接受戰鬥訓練，幸好沒有出擊戰爭便告結束。

陸軍 義烈空挺隊特攻隊員

當初原本計畫攻擊塞班島，後來則投入沖繩戰役。右手所持的是破壞B-29用的磁吸地雷（炸藥5kg）。

磁吸地雷

陸軍 肉薄攻擊兵

配備反戰車戰鬥用的成形裝藥（炸藥3kg）刺突地雷。刺突地雷柄長1.5m。

刺突地雷

海軍 伏龍特攻隊員

身著潛水服，佩戴呼吸器，潛於水深5～7m的海底，以五式擊雷（炸藥15kg）伏擊敵登陸舟艇，又稱人肉水雷。

五式擊雷

呼吸器

潛水服

陸軍航空兵

日本陸軍的航空隊始於1910年，由德川好敏陸軍工兵上尉進行首次飛行。
1914年10月，派遣至青島的航空部隊與德國軍機發生首次空戰（並無戰果）。
航空兵科於1925年獨立，參與中日戰爭、太平洋戰爭。

防暑航空衣褲

熱帶用設計。在南方也有航空兵
會穿短袖、短褲防暑衣上飛機。

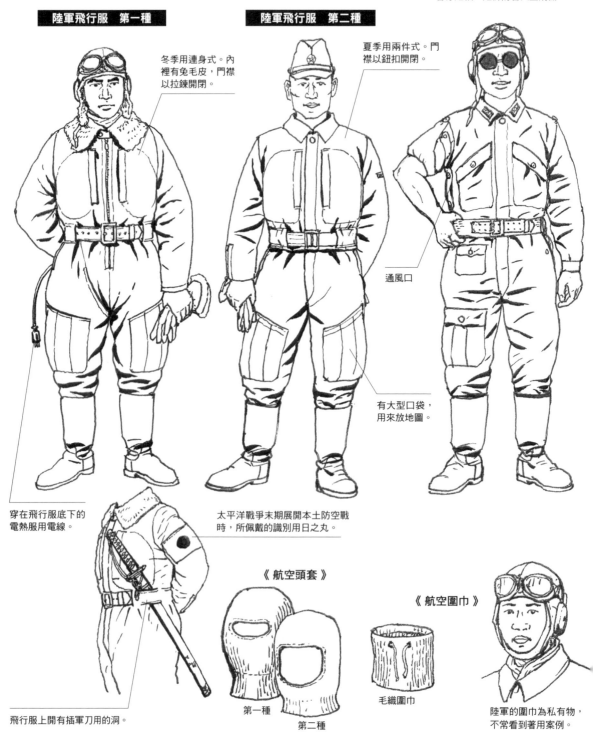

陸軍飛行服　第一種

冬季用連身式。內
裡有兔毛皮，門襟
以拉鍊開閉。

陸軍飛行服　第二種

夏季用兩件式。門
襟以鈕扣開閉。

通風口

有大型口袋，
用來放地圖。

穿在飛行服底下的
電熱服用電線。

太平洋戰爭末期展開本土防空戰
時，所佩戴的識別用日之丸。

《航空頭套》

第一種

第二種

《航空圍巾》

毛織圍巾

飛行服上開有插軍刀用的洞。

陸軍的圍巾為私有物，
不常看到著用案例。

《航空帽》 《同乘者用帽》 《航空風鏡》

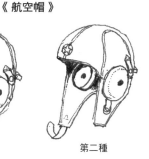

第一種 第二種

雙層玻璃，中間有防止碎裂的明膠夾層。

航空兵的裝備

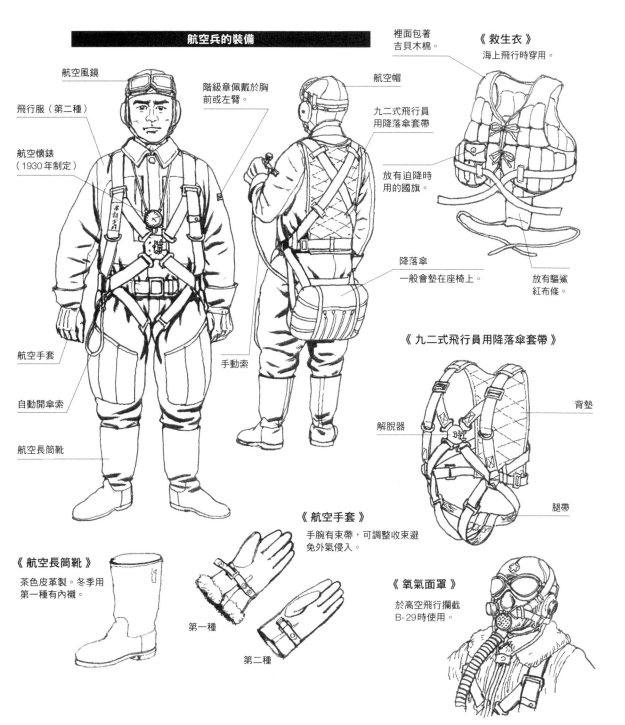

航空風鏡

飛行服（第二種）

航空懷錶
（1930年制定）

航空手套

自動開傘索

航空長筒靴

階級章佩戴於胸前或左臂。

裡面包著吉貝木棉。

《救生衣》
海上飛行時穿用。

航空帽

九二式飛行員用降落傘套帶

放有迫降時用的國旗。

放有驅鯊紅布條。

手動索

降落傘
一般會墊在座椅上。

《九二式飛行員用降落傘套帶》

解脫器

背墊

腿帶

《航空長筒靴》
茶色皮革製。冬季用第一種有內襯。

第一種

第二種

《航空手套》
手腕有束帶，可調整收束避免外氣侵入。

《氧氣面罩》
於高空飛行攔截
B-29時使用。

海軍航空兵

海軍航空隊從1912年剛成立時便持續研製航空兵用軍裝，1916年制定首款航空被服，1925年推出連身服型。1929年制定的款式成為之後航空被服的基本型，一直用到戰爭結束。

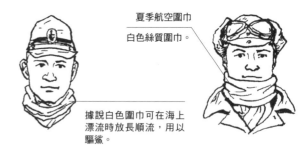

夏季航空圍巾

白色絲質圍巾。

據說白色圍巾可在海上漂流時放長順流，用以驅鯊。

1944年制定的航空衣褲

上下分離式航空衣褲

並未生產冬季用，門襟僅有鈕扣。

名牌

階級章

識別用日之丸。

1942年制定的夏季用航空衣褲

士官大盤帽

連身式設計，門襟為鈕扣。

冬季用航空衣褲

1942年制定的防寒航空衣褲

領子有毛皮。

記錄板

《航空長筒靴》

名牌

《航空手套》

《航空圍巾》

毛織圍巾，用來防止摩擦脖子。有紺色與白色。

《夏季用航空帽》　護耳內側有防寒用毛皮。

《冬季用航空帽》

《三式航空帽》　內置無線電用耳機。

《航空風鏡》

為了防止鏡片破裂之際碎片飛散，以兩層玻璃貼合而成。

《一般零戰飛行員》

航空風鏡

航空帽

航空衣褲

九七式套帶

救生衣

手槍套

士官使用公發的十四年式手槍。軍官則配備私有白朗寧M1910等。

九七式套帶

口袋用來裝地圖或手套等物。

《救生衣》

穿在航空衣褲之上。浮材以吉貝木棉果實的纖維製成。

降落傘會放在座椅上，兼具坐墊功能，上機後再與套帶連結。

航空長筒靴

《飛行員用九七式套帶》

高空飛行時會使用氧氣面罩。

複座機機內通話用傳聲管。

十四年式手槍插在套帶上，手槍吊繩掛於脖子。

航艦乘員

美國海軍在航空母艦進行起落艦作業之際，甲板人員會穿上不同顏色的操作服，用以識別各種業務。日本海軍的航艦則無這種識別，士官兵皆穿上白色事業服進行作業。

於各部署就位的傳令

九二式電話機

《大盤帽》

《便帽》

2條線為軍官，
1條線為士官。

甲板作業員

起降管制官

依季節穿著第一種軍裝或第二種軍裝。手持紅白旗，用以對飛行員下達起飛信號。

將官／軍官

雙筒望遠鏡頸帶的顏色，將官為黃色，佐官為紅色，尉官為藍色。

佩帶短劍

防空砲成員

鋼盔

配備防毒面具。

有時不會配備防毒面具。

身穿白色事業服。

軍官的第二種軍裝

在南方，軍官與兵都會穿短袖、短褲夏衣。

兵／士官的事業服

用於訓練與實戰的操作服。

有時也會把褲腳用繩子紮起來。

日本海軍的階級章

〔肩章〕

〔袖章〕

大將　中將　少將　大佐　中佐

〔肩章〕

〔袖章〕

少佐　大尉　中尉　少尉　特務士官

〔臂章〕

上等兵曹　一等兵曹　二等兵曹　兵長　上等水兵　一等水兵　二等水兵

飾緒（參謀肩章）

高級軍官佩戴於右肩的飾緒是有名的參謀肩章，這原本是將官著禮裝／正裝時佩戴的裝飾，據說源自副官用來攜帶筆記用具的吊繩。日軍於1881年首次制定，之後由將官、軍官、皇室侍從武官佩戴。

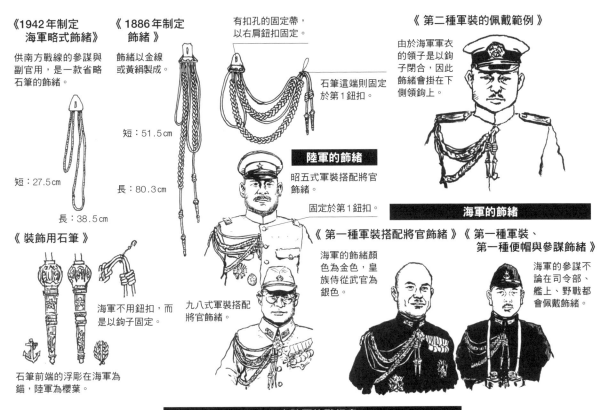

《1942年制定 海軍略式飾緒》

供南方戰線的參謀與副官用，是一款省略石筆的飾緒。

短：27.5cm

長：38.5cm

《1886年制定 飾緒》

飾緒以金線或黃絹製成。

短：51.5cm

長：80.3cm

《裝飾用石筆》

海軍不用鈕扣，而是以鉤子固定。

石筆前端的浮雕在海軍為錨，陸軍為櫻葉。

有扣孔的固定帶，以右肩鈕扣固定。

石筆這端則固定於第1鈕扣。

《第二種軍裝的佩戴範例》

由於海軍軍衣的領子是以鉤子閉合，因此飾緒會掛在下側領鉤上。

陸軍的飾緒

昭五式軍裝搭配將官飾緒。

固定於第1鈕扣。

九八式軍裝搭配將官飾緒。

海軍的飾緒

《第一種軍裝搭配將官飾緒》

海軍的飾緒顏色為金色，皇族侍從武官為銀色。

《第一種軍裝、第一種便帽與參謀飾緒》

海軍的參謀不論在司令部、艦上、野戰都會佩戴飾緒。

日本陸軍的階級章

《昭五式軍衣的階級章》（肩章）

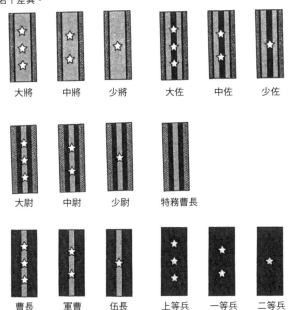

1938年修訂之前使用的舊型階級章。士官與兵的階級在1938年以後也有若干差異。

大將　中將　少將　大佐　中佐　少佐

大尉　中尉　少尉　特務曹長

曹長　軍曹　伍長　上等兵　一等兵　二等兵

《九八式軍衣的階級章》（領章）

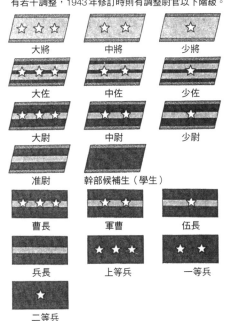

1938年起將階級章改為領章。1941年修訂後星星的位置有若干調整，1943年修訂時則有調整尉官以下階級。

大將　中將　少將

大佐　中佐　少佐

大尉　中尉　少尉

准尉　幹部候補生（學生）

曹長　軍曹　伍長

兵長　上等兵　一等兵

二等兵

義大利軍

義大利陸軍以正規部隊、殖民地軍、國防義勇軍（MVSN）構成。陸軍部隊下轄頗具傳統的神射手部隊、山岳部隊、快速部隊、傘兵部隊等菁英單位，這些部隊除了與陸軍共通的軍裝之外，也會使用各具特色的軍裝。義大利於1943年9月投降後，國家便一分為二，投靠同盟國陣營的南王國軍改採英式裝備，義大利社會主義共和國（RSI）則保留原有軍裝，並加入德軍裝備。

歐洲戰線的陸軍士兵

二次大戰參戰時，義大利陸軍步兵的野戰軍裝基本上是以羊毛野戰服搭配個人裝備構成。M40野戰服雖然是前型M37野戰服的簡化版，但簡化方式並未損及它洗練的設計感，可說是充分展現義大利的國民性。

基本步兵軍裝

- M33鋼盔
- M07彈藥盒
- 卡爾卡諾M91／41步槍
- M40野戰服
- M91刺刀
- M12繫帶軍靴

《M33鋼盔》

《M40野戰服》

《鋼盔上的兵科標識》

步兵　　擲彈兵　　神射手

國防義勇軍　師屬砲兵　龍騎兵
（MVSN）

《個人裝備》

M39背包

M29帳幕
也能當作雨衣。

軍毯

裝備吊帶

裝備吊帶與彈藥盒、腰帶、刺刀吊帶都是灰綠色皮製品。

刺刀吊帶

M07彈藥盒

腰帶

防毒面具袋

水壺

《M07彈藥盒》

每盒可裝3個6發步槍彈夾。

M91刺刀

子彈連同彈夾一起裝填。

《卡爾卡諾M91／41步槍》

《M91刺刀》

《圓鍬》

《M12繫帶軍靴》

《背上防毒面具袋與水壺的狀態》

水壺

雜物袋

《M33防毒面具袋與M33防毒面具》

各種帽子／鋼盔

《便帽》（Bustina）

防寒用護耳可
放下來使用。

《山岳帽》

《M33鋼盔》

以模板噴上步兵
科徽章。

《大盤帽》

M40野戰服的一般裝束

M33鋼盔

M40野戰服

卡爾卡諾
M91／41步槍

M39雜物袋

M91刺刀

M12繫帶軍靴

《行軍時的全副武裝》

軍毯

M39背包

M29帳幕

水壺

圓鍬與刺刀

T35
防毒面具袋

《水壺》

《裝備吊帶》

M39襯衣

裝備吊帶

M07彈藥盒

《M07彈藥盒》

可放6個步槍子彈夾。

《M91兵用腰帶》

飯盒袋

《M39雜物袋》

《M33防毒面具袋》

《T35防毒面具袋》

《裝在圓鍬上的刺刀》

圓鍬

刺刀吊帶

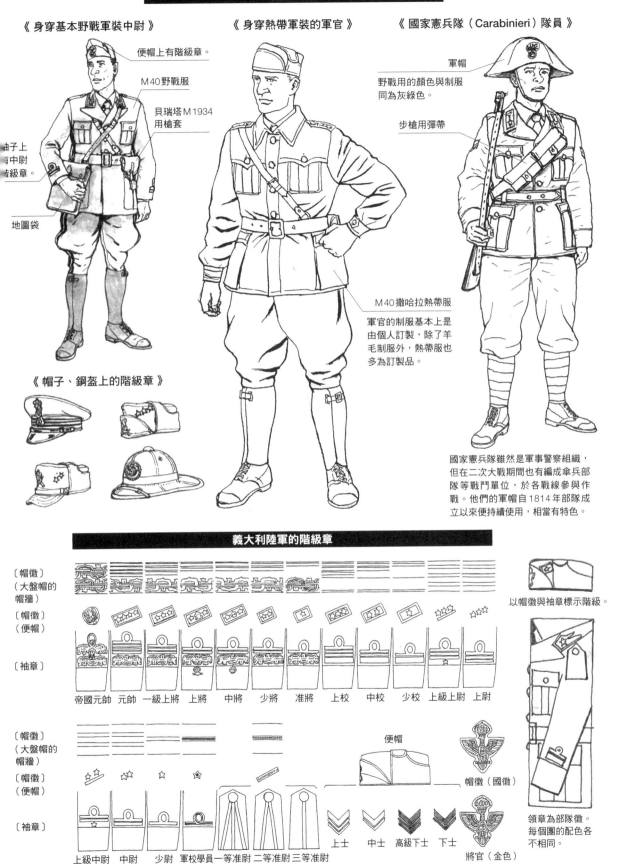

陸軍軍官

《身穿基本野戰軍裝中尉》

便帽上有階級章。

M40 野戰服

貝瑞塔 M 1934 用槍套

袖子上 有中尉 階級章。

地圖袋

《身穿熱帶軍裝的軍官》

M 40 撒哈拉熱帶服

軍官的制服基本上是由個人訂製,除了羊毛制服外,熱帶服也多為訂製品。

《國家憲兵隊(Carabinieri)隊員》

軍帽

野戰用的顏色與制服同為灰綠色。

步槍用彈帶

國家憲兵隊雖然是軍事警察組織,但在二次大戰期間也有編成傘兵部隊等戰鬥單位,於各戰線參與作戰。他們的軍帽自1814年部隊成立以來便持續使用,相當有特色。

《帽子、鋼盔上的階級章》

義大利陸軍的階級章

〔帽徽〕(大盤帽的帽牆)

〔帽徽〕(便帽)

〔袖章〕

帝國元帥　元帥　一級上將　上將　中將　少將　准將　上校　中校　少校　上級上尉　上尉

〔帽徽〕(大盤帽的帽牆)

〔帽徽〕(便帽)

〔袖章〕

便帽

上級中尉　中尉　少尉　軍校學員　一等准尉　二等准尉　三等准尉

上士　中士　高級下士　下士

將官(金色)

帽徽(國徽)

以帽徽與袖章標示階級。

領章為部隊徽。每個團的配色各不相同。

171

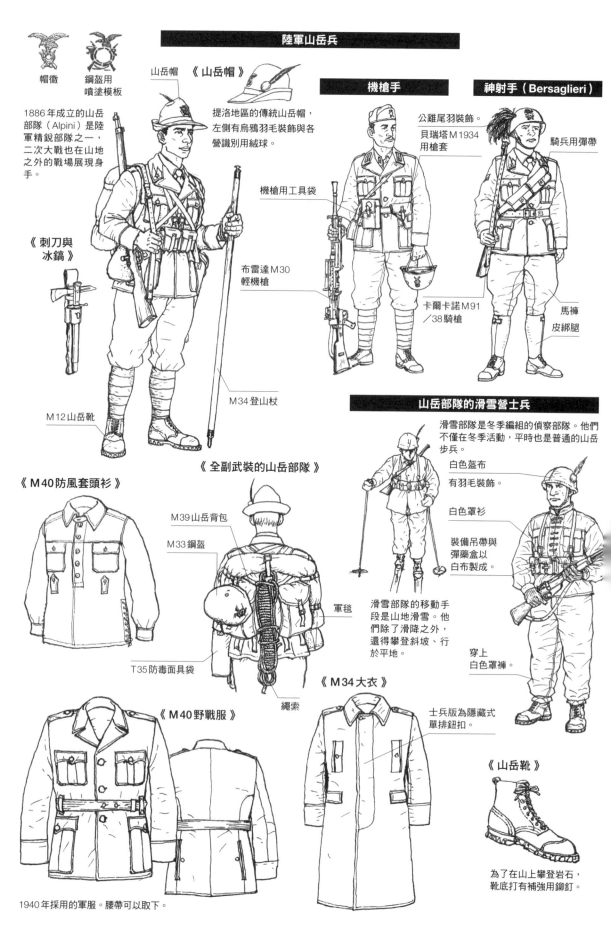

陸軍山岳兵

帽徽

鋼盔用噴塗模板

山岳帽

《山岳帽》

提洛地區的傳統山岳帽，左側有烏鴉羽毛裝飾與各營識別用絨球。

1886年成立的山岳部隊（Alpini）是陸軍精銳部隊之一，二次大戰也在山地之外的戰場展現身手。

機槍手

公雞尾羽裝飾。

貝瑞塔M1934用槍套

機槍用工具袋

布雷達M30輕機槍

卡爾卡諾M91／38騎槍

神射手（Bersaglieri）

騎兵用彈帶

馬褲

皮綁腿

《刺刀與冰鎬》

《全副武裝的山岳部隊》

M39山岳背包

M33鋼盔

T35防毒面具袋

軍毯

繩索

M12山岳靴

M34登山杖

山岳部隊的滑雪營士兵

滑雪部隊是冬季編組的偵察部隊。他們不僅在冬季活動，平時也是普通的山岳步兵。

白色盔布

有羽毛裝飾。

白色罩衫

裝備吊帶與彈藥盒以白布製成。

滑雪部隊的移動手段是山地滑雪。他們除了滑降之外，還得攀登斜坡、行於平地。

穿上白色罩褲。

《M40防風套頭衫》

《M40野戰服》

《M34大衣》

士兵版為隱藏式單排鈕扣。

《山岳靴》

為了在山上攀登岩石，靴底打有補強用鉚釘。

1940年採用的軍服。腰帶可以取下。

北非戰線的陸軍士兵

義大利在北非的利比亞與東非擁有殖民地，因此從戰前就有熱帶軍服，二次大戰期間也會使用各種新舊款熱帶軍裝。

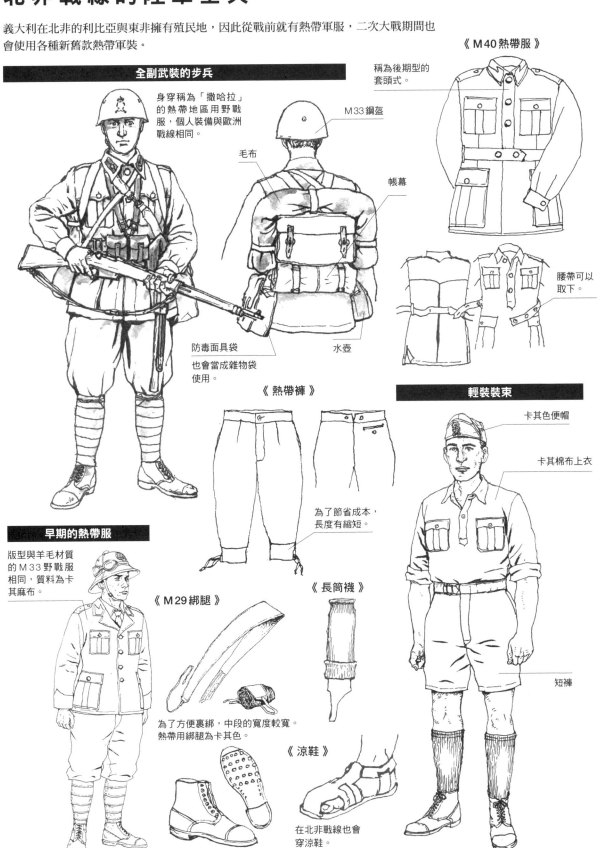

全副武裝的步兵

身穿稱為「撒哈拉」的熱帶地區用野戰服，個人裝備與歐洲戰線相同。

M33鋼盔

毛布

帳幕

水壺

防毒面具袋

也會當成雜物袋使用。

《M40熱帶服》

稱為後期型的套頭式。

腰帶可以取下。

《熱帶褲》

為了節省成本，長度有縮短。

輕裝裝束

卡其色便帽

卡其棉布上衣

短褲

早期的熱帶服

版型與羊毛材質的M33野戰服相同，質料為卡其麻布。

《M29綁腿》

為了方便裹綁，中段的寬度較寬。熱帶用綁腿為卡其色。

《長筒襪》

《涼鞋》

在北非戰線也會穿涼鞋。

M41繫帶軍靴

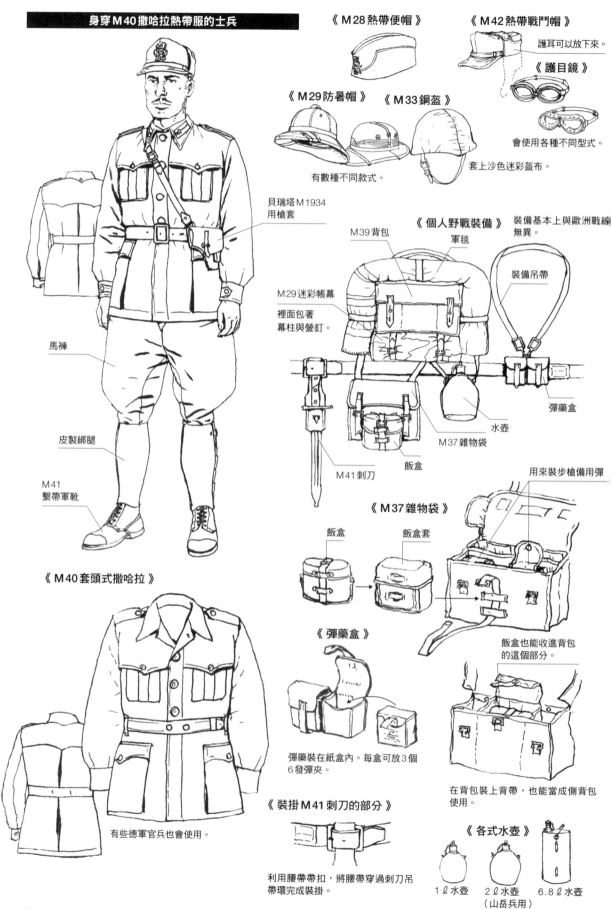

身穿M40撒哈拉熱帶服的士兵

《M28熱帶便帽》

《M42熱帶戰鬥帽》

護耳可以放下來。

《M29防暑帽》 《M33鋼盔》

《護目鏡》

會使用各種不同型式。

有數種不同款式。

套上沙色迷彩盔布。

貝瑞塔M1934
用槍套

《個人野戰裝備》 裝備基本上與歐洲戰線無異。

M39背包

軍毯

裝備吊帶

M29迷彩帳幕

裡面包著
幕柱與營釘。

馬褲

彈藥盒

水壺

M37雜物袋

皮製綁腿

飯盒

M41刺刀

用來裝步槍備用彈

M41
繫帶軍靴

《M37雜物袋》

飯盒 飯盒套

《M40套頭式撒哈拉》

《彈藥盒》

飯盒也能收進背包
的這個部分。

彈藥裝在紙盒內。每盒可放3個
6發彈夾。

在背包裝上背帶,也能當成側背包
使用。

有些德軍官兵也會使用。

《裝掛M41刺刀的部分》

《各式水壺》

利用腰帶帶扣,將腰帶穿過刺刀吊
帶環完成裝掛。

1ℓ水壺 2ℓ水壺
(山岳兵用)

6.8ℓ水壺

國防義勇軍（MVSN）與殖民地軍

國防義勇軍（MVSN，Milizia Volontariaperla Sicurezza Nazionale）是1922年1月由墨索里尼的法西斯黨建立的軍事組織，二次大戰期間共編制41個團，與陸軍部隊一起在各戰線作戰。至於殖民地部隊，則是由當時義大利的殖民地索馬利亞、利比亞等處的當地居民組成的軍隊。

國防義勇軍

《身穿M40野戰服的MVSN士兵》

MVSN在二次大戰開戰時共有3個師，陸軍的步兵師則編有黑衫營。

底下穿黑色襯衣。

身穿背後有T字形剪裁線的MVSN特有野戰服。

野戰裝備與槍械和陸軍相同。

袋蓋為長方形。

褲子側面有黑線。

使用襪型羊毛綁腿。

《身穿M40熱帶服，頭戴菲斯帽的士兵》

《非洲戰線的MVSN士兵》

MVSN防暑帽
防暑帽有MVSN帽徽。

MVSN帽徽

黑襯衣多為套頭式，雖然有配領帶，但前線有些士兵並不會打上。

MVSN山地帽
沒有羽毛裝飾，帽徽為法西斯黨的束棒黨徽。

《MVSN的軍官》

軍官用菲斯帽
筒形菲斯帽為禮裝用。前線則戴便帽。

軍官用便帽帽徽

義大利殖民地部隊

頭戴菲斯帽。

《 衣索比亞士兵 》

以菲斯帽的羽毛裝飾與皮飾標示部隊。

兩肩有獨特的臂章型階級章。圖中畫的階級為下士。

身穿立領式M28野戰服。

《 索馬利亞的殖民地軍士兵 》

索馬利亞士兵也會戴上高聳的菲斯帽。

《 利比亞士兵 》

使用較低矮的菲斯帽。

殖民地士兵大多會打赤腳。

《 利比亞士兵 》

身穿M40撒哈拉軍服。

《 利比亞的撒哈拉部隊士兵 》

以頭巾和皮飾的顏色區分部隊。

身穿義大利軍的熱帶服。

使用義大利軍提供的戰鬥裝備。

民族服裝的褲子。

撒哈拉部隊在沙漠戰中表現優異。

傘兵部隊

義大利軍的傘兵部隊並未從事過大規模空降作戰。然而，在1942年的艾爾阿拉敏戰役當中，第185空降師「閃電」等部隊的奮戰卻也名留青史。

利比亞傘兵部隊

1938年以利比亞當地志願兵編制而成的首支空降部隊士兵。

飛行員用飛行帽

D39降落傘套帶

連身飛行服

《M40／41傘兵盔》

早期型沒有緩衝墊。

《飛行員用飛行帽》

《傘兵靴》

《護膝》

義大利軍的運輸機

《薩沃亞・馬爾凱蒂SM.82》

載運傘兵部隊用的修改型。最大航程1,350km，巡航速度230km/h，可搭載18名全副武裝士兵。

《卡普羅尼Ca.133T》

3引擎運輸機。巡航速度250km/h，最大航程2,100km，可載運50名士兵。

《摺疊式摩托車「Volugrafo」》

連絡、偵察用。

1941年的傘兵部隊空降軍裝

1939年10月，陸軍成立傘兵學校，翌年7月編組2個空降營。雖然在展開訓練的同時也著手研製軍裝，但尚未制式採用傘兵野戰服。

D40降落傘

灰色M41連身傘兵服

護膝

1942年的傘兵部隊空降軍裝

迷彩M42連身傘兵服

IF41／SP降落傘

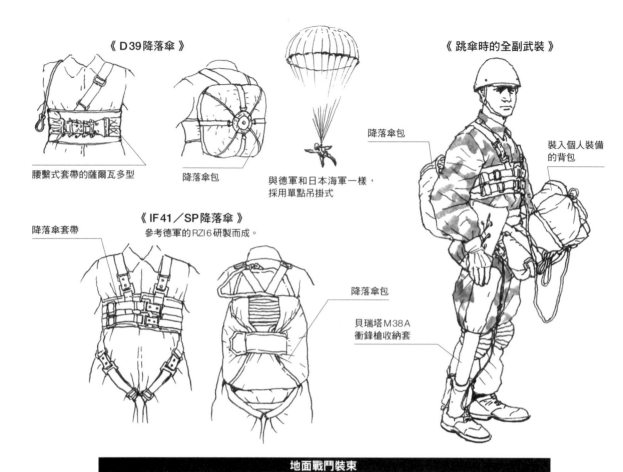

《D39降落傘》

腰繫式套帶的薩爾瓦多型

降落傘包

與德軍和日本海軍一樣，採用單點吊掛式

《跳傘時的全副武裝》

降落傘包

裝入個人裝備的背包

《IF41／SP降落傘》
參考德軍的RZI6研製而成。

降落傘套帶

降落傘包

貝瑞塔M38A衝鋒槍收納套

地面戰鬥裝束

《1941年　希臘》

《1942年　阿爾及利亞》

《1944年　義大利》

4月30日，有1個連在希臘的凱法利尼亞島進行實戰跳傘。同年9月則計畫空降馬爾他島，但並未實施。

在阿爾及利亞、突尼西亞、利比亞曾進行過小規模空降作戰。

RSI軍的傘兵部隊與德軍一起在義大利中部和北部持續對盟軍作戰。

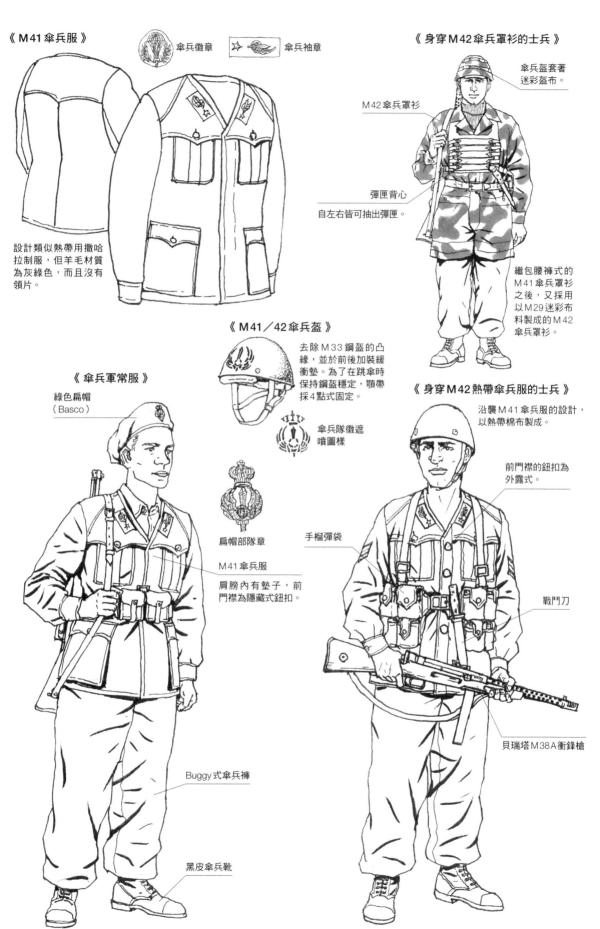

《M41傘兵服》

傘兵徽章　　傘兵袖章

《身穿M42傘兵罩衫的士兵》

傘兵盔套著迷彩盔布。

M42傘兵罩衫

彈匣背心
自左右皆可抽出彈匣。

設計類似熱帶用撒哈拉制服，但羊毛材質為灰綠色，而且沒有領片。

繼包腰褲式的M41傘兵罩衫之後，又採用以M29迷彩布料製成的M42傘兵罩衫。

《M41／42傘兵盔》

去除M33鋼盔的凸緣，並於前後加裝緩衝墊。為了在跳傘時保持鋼盔穩定，顎帶採4點式固定。

傘兵隊徽遮噴圖樣

《傘兵軍常服》

綠色扁帽（Basco）

扁帽部隊章

M41傘兵服
肩膀內有墊子，前門襟為隱藏式鈕扣。

Buggy式傘兵褲

黑皮傘兵靴

《身穿M42熱帶傘兵服的士兵》

沿襲M41傘兵服的設計，以熱帶棉布製成。

前門襟的鈕扣為外露式。

手榴彈袋

戰鬥刀

貝瑞塔M38A衝鋒槍

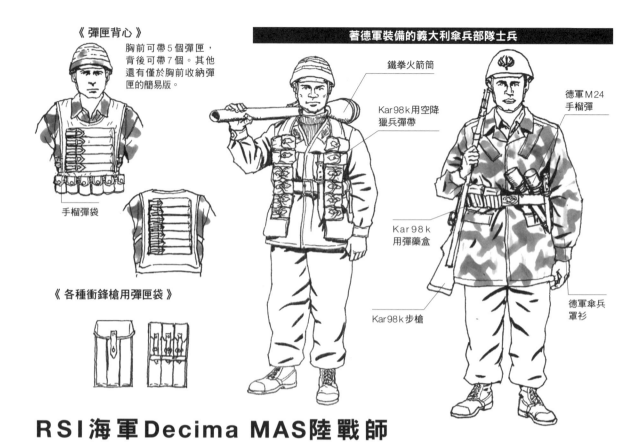

《彈匣背心》

胸前可帶5個彈匣，背後可帶7個。其他還有僅於胸前收納彈匣的簡易版。

手榴彈袋

《各種衝鋒槍用彈匣袋》

著德軍裝備的義大利傘兵部隊士兵

鐵拳火箭筒

Kar98k用空降獵兵彈帶

Kar98k用彈藥盒

Kar98k步槍

德軍M24手榴彈

德軍傘兵罩衫

RSI海軍Decima MAS陸戰師

Decima MAS陸戰師是在1943年義大利投降之後，由管轄義大利北部、中部的RSI（義大利社會共和國）於同年底編組的陸戰部隊。

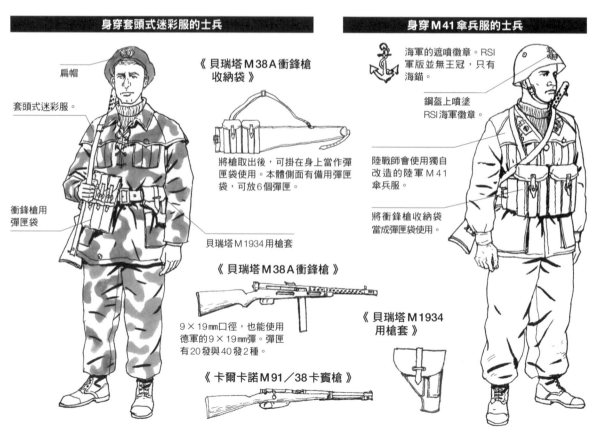

身穿套頭式迷彩服的士兵

扁帽

套頭式迷彩服。

衝鋒槍用彈匣袋

《貝瑞塔M38A衝鋒槍收納袋》

將槍取出後，可掛在身上當作彈匣袋使用。本體側面有備用彈匣袋，可放6個彈匣。

貝瑞塔M1934用槍套

《貝瑞塔M38A衝鋒槍》

9×19mm口徑，也能使用德軍的9×19彈。彈匣有20發與40發2種。

《卡爾卡諾M91／38卡賓槍》

身穿M41傘兵服的士兵

海軍的遮噴徽章。RSI軍版並無王冠，只有海錨。

鋼盔上噴塗RSI海軍徽章。

陸戰師會使用獨自改造的陸軍M41傘兵服。

將衝鋒槍收納袋當成彈匣袋使用。

《貝瑞塔M1934用槍套》

南王國軍與RSI軍

1943年9月3日，隨著墨索里尼失勢，新政權與同盟國停戰。德軍因此占領北義大利，並救出被新政權軟禁的墨索里尼，於9月23日扶植成立義大利社會共和國。義大利就此南北分裂，軍隊也分成南王國軍與RSI（義大利社會共和國）軍兩個陣營。

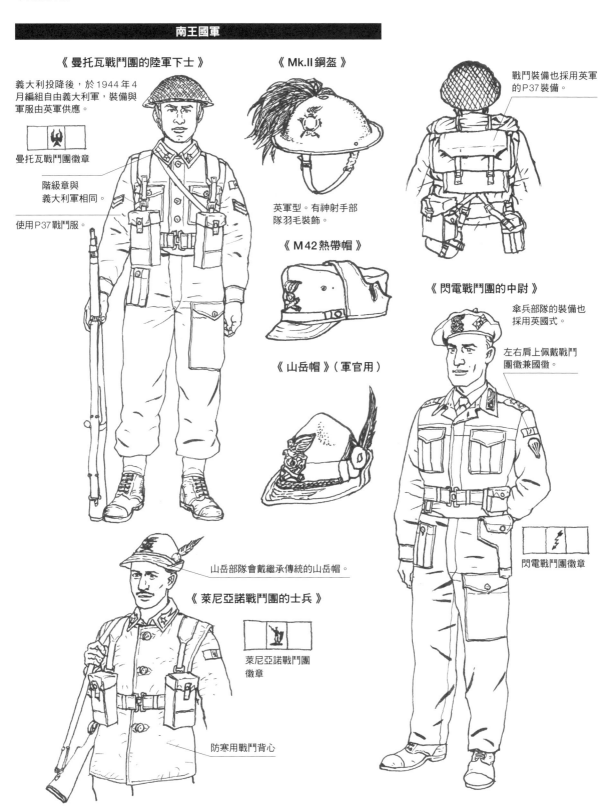

南王國軍

《曼托瓦戰鬥團的陸軍下士》

義大利投降後，於1944年4月編組自由義大利軍，裝備與軍服由英軍供應。

曼托瓦戰鬥團徽章

階級章與義大利軍相同。

使用P37戰鬥服。

《Mk.II鋼盔》

英軍型。有神射手部隊羽毛裝飾。

《M42熱帶帽》

《山岳帽》（軍官用）

山岳部隊會戴繼承傳統的山岳帽。

《萊尼亞諾戰鬥團的士兵》

萊尼亞諾戰鬥團徽章

防寒用戰鬥背心

戰鬥裝備也採用英軍的P37裝備。

《閃電戰鬥團的中尉》

傘兵部隊的裝備也採用英國式。

左右肩上佩戴戰鬥團徽兼國徽。

閃電戰鬥團徽章

《RSI Decima MAS 陸戰師》

鋼盔徽章為去除王冠的遮噴圖樣。

領章也從王國的星徽改成短劍徽。

咬著玫瑰的骷顱頭與Xa隊徽。

M24手榴彈

僅陸戰師使用的鈕扣外露型M41傘兵服。

貝瑞塔M38A衝鋒槍

《GRN（共和國防衛軍）的士兵》

為維持治安而編制。

頭戴黑色菲斯帽。

黑色襯衣的領子上有紅色M字徽章。

貝瑞塔M1934用槍套

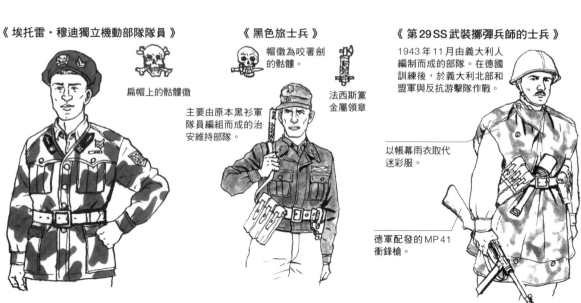

《埃托雷・穆迪獨立機動部隊隊員》

扁帽上的骷髏徽

主要由原本黑衫軍隊員編組而成的治安維持部隊。

《黑色旅士兵》

帽徽為咬著劍的骷髏。

法西斯黨金屬領章

《第29SS武裝擲彈兵師的士兵》

1943年11月由義大利人編制而成的部隊。在德國訓練後，於義大利北部和盟軍與反抗游擊隊作戰。

以帳幕雨衣取代迷彩服。

德軍配發的MP41衝鋒槍。

車輛乘員

二次大戰時期的義大利陸軍除了裝甲部隊之外，還有機械化的神射手部隊與快速部隊，這些部隊的車輛乘員會使用專用被服與裝備。

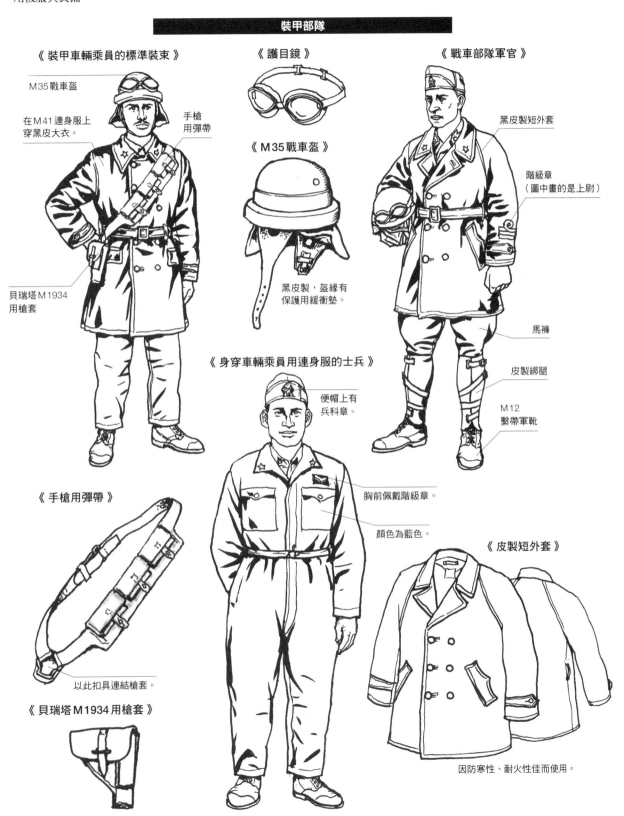

裝甲部隊

《裝甲車輛乘員的標準裝束》

M35戰車盔

在M41連身服上穿黑皮製大衣。

手槍用彈帶

貝瑞塔M1934用槍套

《護目鏡》

《M35戰車盔》

黑皮製，盔緣有保護用緩衝墊。

《身穿車輛乘員用連身服的士兵》

便帽上有兵科章。

胸前佩戴階級章。

顏色為藍色。

《手槍用彈帶》

以此扣具連結槍套。

《貝瑞塔M1934用槍套》

《戰車部隊軍官》

黑皮製短外套

階級章
（圖中畫的是上尉）

馬褲

皮製綁腿

M12繫帶軍靴

《皮製短外套》

因防寒性、耐火性佳而使用。

快速部隊

快速部隊指的是機械化步兵部隊，配備輕戰車與裝甲車。

《 非洲戰線的摩托車兵 》

摩托車盔

護目鏡

馬褲

皮製綁腿

M41繫帶軍靴

《 摩托車盔 》

設計與戰車盔相同，
正面有帽簷。

身穿M40
撒哈拉制服。

M12繫帶軍靴

《 神射手部隊的摩托車兵 》

有羽毛裝飾的M33鋼盔。

卡爾卡諾M38卡賓槍

身穿套頭式罩衫。

《 快速部隊的士兵 》

戰車盔

M40野戰服

《 母獅裝甲師的裝甲兵 》

黑色扁帽

仿德軍設計的義大利製
黑色戰車服。

帽子正面有
骷髏徽章。

肩章是縫上去的。

臂章
腰帶佩掛戰鬥刀。

袖口階級章（圖中畫的是中尉）

袖子並非可開式。

金屬領章

義大利軍的
電木材質
鈕扣

《 神射手部隊的鋼盔 》

正面有遮噴兵
科章。

裝甲兵也有公雞羽毛裝飾。

裝有公雞羽毛
裝飾。

褲子也是仿德軍設計
的義大利製品。

在非洲戰線
也會使用防
暑帽。

母獅裝甲師是在1943年
9月義大利投降後，於德
軍支援下編組而成。

其他軸心國軍

二次大戰期間，加入軸心國的國家以及和軸心國軍並肩作戰的軍隊出乎意料的多。它們之所以會成為軸心國軍的一員，則有各自理由，其中大多是面臨蘇聯共產主義威脅的反共法西斯主義國家，或是遭受壓迫、被殖民統治的民族，以及在德國、日本扶植下誕生的傀儡政權。以下要介紹的，就是這些軸心國陣營較具代表性的軍隊以及志願軍的軍裝。

芬蘭軍

芬蘭與蘇聯在二次大戰期間曾發生二次戰爭，分別為1939年11月至翌年3月的「冬季戰爭」，以及1941年6月至1944年9月的「繼續戰爭」。繼續戰爭是以芬蘭被捲入德蘇戰的形式展開，但由於是芬蘭攻擊蘇聯，因此芬蘭就被視為軸心國。雖然芬蘭透過這場戰爭規復了冬季戰爭丟失的領土，但與蘇聯和談後，卻轉為與德國交戰。

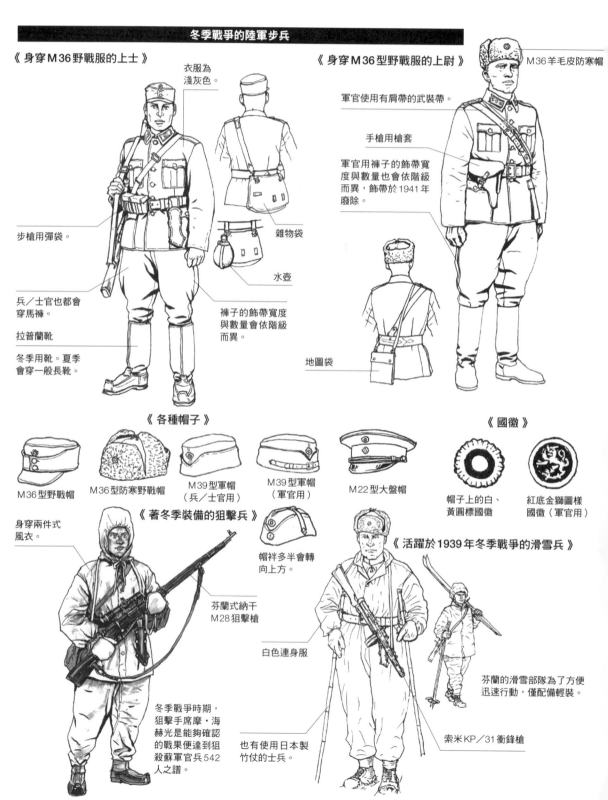

冬季戰爭的陸軍步兵

《身穿M36野戰服的上士》

衣服為淺灰色。

步槍用彈袋。

兵／士官也都會穿馬褲。

拉普蘭靴

冬季用靴。夏季會穿一般長靴。

雜物袋

水壺

褲子的飾帶寬度與數量會依階級而異。

《身穿M36型野戰服的上尉》

M36羊毛皮防寒帽

軍官使用有肩帶的武裝帶。

手槍用槍套

軍官用褲子的飾帶寬度與數量也會依階級而異，飾帶於1941年廢除。

地圖袋

《各種帽子》

M36型野戰帽

M36型防寒野戰帽

M39型軍帽（兵／士官用）

M39型軍帽（軍官用）

M22型大盤帽

帽祥多半會轉向上方。

《國徽》

帽子上的白、黃圓標國徽

紅底金獅圖樣國徽（軍官用）

《著冬季裝備的狙擊兵》

身穿兩件式風衣。

芬蘭式納干M28狙擊槍

冬季戰爭時期，狙擊手席摩·海赫光是能夠確認的戰果便達到狙殺蘇軍官兵542人之譜。

也有使用日本製竹杖的士兵。

白色連身服

《活躍於1939年冬季戰爭的滑雪兵》

芬蘭的滑雪部隊為了方便迅速行動，僅配備輕裝。

索米KP／31衝鋒槍

繼續戰爭的陸軍步兵

《身穿M36型夏季野戰服的士兵》

捷克斯洛伐克軍的 M32／34鋼盔

M36型夏季野戰服

索米M1931衝鋒槍

防毒面具袋

附祥帶的繫帶軍靴

芬蘭式納干 M1939步槍

《各種鋼盔》

德國製M17

德國製M35

捷克斯洛伐克製 M32／34

義大利製M33

《全副武裝的士兵》

德軍的M35 鋼盔

M36型夏季 戰鬥服

背包

水壺

刀具

一種稱為「Puukko」 的芬蘭傳統刀具,許多 官兵都會攜帶。

防毒面具袋

水壺

雜物袋

裝甲兵

當時的主力戰車是繳獲自蘇聯的T-34以及德國 的Ⅲ號突擊砲。

頭戴蘇軍戰車帽。

M36型夏季野戰服

手槍用槍套

地圖袋

軍毯

背包

芬蘭陸軍的階級章

	元帥	上將	中將	少將	上校	中校	少校	上尉
〔領章〕								
〔臂章〕								

	中尉	少尉	士官長	上士	中士	下士	一等兵	二等兵
〔領章〕								
〔臂章／肩章〕								

羅馬尼亞軍

羅馬尼亞於1940年11月加入軸心國條約，成為軸心國。翌年德蘇戰開始後，便與德軍一起進攻蘇聯。羅馬尼亞軍一直在東部戰線作戰，直到1944年8月發生政變後改加入盟軍陣營並且對德宣戰，爾後便改與德軍交戰。

《羅馬尼亞軍的帽子》

Kaperu 野戰帽（兵／士官用）

Kaperu 野戰帽（軍官用）

Bonnet 便帽

M41 大盤帽（將官用）

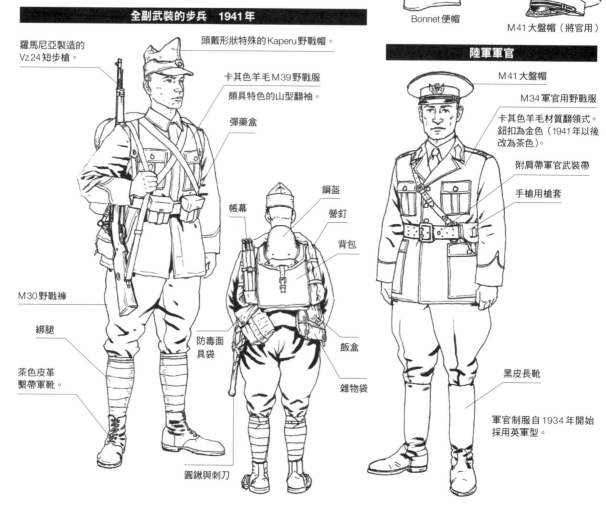

全副武裝的步兵　1941年

羅馬尼亞製造的 Vz24 短步槍。

頭戴形狀特殊的 Kaperu 野戰帽。

卡其色羊毛 M39 野戰服

頗具特色的山型翻袖。

彈藥盒

M30 野戰褲

綁腿

茶色皮革繫帶軍靴。

帳幕

防毒面具袋

圓鍬與刺刀

鋼盔

營釘

背包

飯盒

雜物袋

陸軍軍官

M41 大盤帽

M34 軍官用野戰服

卡其色羊毛材質翻領式。鈕扣為金色（1941年以後改為茶色）。

附肩帶軍官武裝帶

手槍用槍套

黑皮長靴

軍官制服自1934年開始採用英軍型。

羅馬尼亞陸軍的階級章

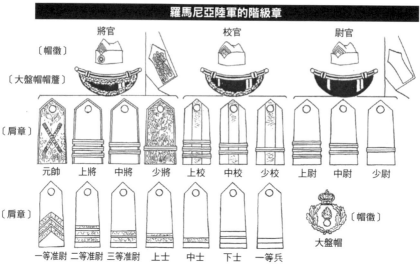

〔帽徽〕　將官　校官　尉官

〔大盤帽帽簷〕

〔肩章〕

元帥　上將　中將　少將　上校　中校　少校　上尉　中尉　少尉

〔帽徽〕大盤帽

〔肩章〕

一等准尉　二等准尉　三等准尉　上士　中士　下士　一等兵

《羅馬尼亞軍的鋼盔》

有些也會鑲上國徽。

羅馬尼亞國徽

荷蘭軍 M28 的授權生產型。

德國製 M35
戰爭後半期由德國供應。

身穿夏季 M41 野戰服的機槍手

M41 野戰服

ZB26 輕機槍

袖口能以鈕扣扣上。

GR-31 手榴彈

《山岳兵》

扁帽為卡其色。

裝甲兵

黑色扁帽

卡其色連身服

斯泰爾 12 型用槍套

羅馬尼亞軍在 1938 年以後也會使用 FN HP M1935。

身穿夏季 M41 野戰服的士兵

M41 野戰服

夏季用為薄棉布製。在戰場上曝曬日光會導致褪色，因此當時的照片看起來會很白。

頭戴鋼盔。

著冬季裝備的士兵

羊毛材質防寒帽

卡其色羊毛大衣

大疊襟雙排扣設計，有 8 顆鈕扣。

彈藥盒

圓鍬與刺刀

頭戴 Kaperu 野戰帽的士兵

Kaperu 野戰帽

奧里塔 M1941 衝鋒槍

左右佩掛衝鋒槍用彈匣袋。

衝鋒槍用彈匣袋

OTO M35 手榴彈
（義大利製）

茶色皮革短綁腿

使用附肩帶的武裝帶。

著冬季裝備的軍官

軍官用大衣

手槍用槍套

匈牙利軍

匈牙利於1940年10月加入軸心國，參與德蘇戰協助德軍，但卻在史達林格勒戰役導致1個軍全滅。大戰末期，隨著戰局惡化，意圖向同盟國陣營靠攏的反政府勢力發動政變，但卻以失敗告終，並遭德軍占領。之後，在蘇軍反攻下，布達佩斯於1945年2月失陷，改由蘇聯占領。戰爭結束後，匈牙利王國因普選而消滅，成為蘇聯的衛星國。

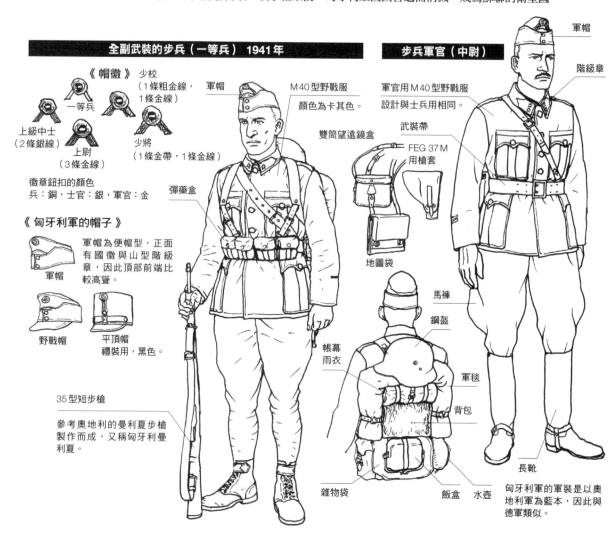

全副武裝的步兵（一等兵） 1941年

《帽徽》
少校
（1條粗金線，1條金線）
一等兵
上級中士
（2條銀線）
上尉
（3條金線）
少將
（1條金帶，1條金線）
軍帽

徽章鈕扣的顏色
兵：銅，士官：銀，軍官：金

《匈牙利軍的帽子》
軍帽為便帽型，正面有國徽與山型階級章，因此頂部前端比較高聳。
軍帽
野戰帽
平頂帽
禮裝用，黑色。

35型短步槍
參考奧地利的曼利夏步槍製作而成，又稱匈牙利曼利夏。

M40型野戰服
顏色為卡其色。

雙筒望遠鏡盒

彈藥盒

步兵軍官（中尉）

軍帽

階級章

軍官用M40型野戰服設計與士兵用相同。

武裝帶

FEG 37M
用槍套

地圖袋

馬褲

鋼盔

軍毯

背包

帳幕雨衣

雜物袋

飯盒

水壺

長靴

匈牙利軍的軍裝是以奧地利軍為藍本，因此與德軍類似。

匈牙利陸軍的階級章

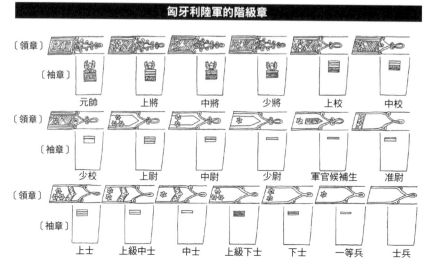

	元帥	上將	中將	少將	上校	中校
〔領章〕／〔袖章〕						

	少校	上尉	中尉	少尉	軍官候補生	准尉
〔領章〕／〔袖章〕						

	上士	上級中士	中士	上級下士	下士	一等兵	士兵
〔領章〕／〔袖章〕							

《匈牙利軍的鋼盔》

戰鬥用鋼盔使用自製的德軍型鋼盔。

M17鋼盔

M38鋼盔

M35戰車盔，義大利軍的黑皮製。

配備MP40衝鋒槍的中士

FEG 37M用槍套

M38鋼盔

M40型野戰服

衝鋒槍用彈匣袋

雙筒望遠鏡盒

褲口採用自膝蓋以下收緊的設計。

《衝鋒槍用彈匣袋》

身穿夏季制服的士兵

野戰帽

夏季用襯衣

雖然也有淺卡其色夏季野戰服，但在東部戰線大多會著此裝束。

彈藥盒

頭戴M38鋼盔。

身穿大衣的士兵

卡其色羊毛大衣

雜物袋

衝鋒槍用彈匣袋

M39衝鋒槍

裝甲兵

戴上護目鏡。

頭戴M35戰車盔。

在襯衣或野戰服外穿上連身服。

手槍用槍套

穿上帳幕雨衣的士兵

M38鋼盔

大衣

迷彩帳幕雨衣

M24手榴彈

彈藥盒

1943年以後的裝甲兵

戰時簡略型夾克的軀幹部為皮革製，袖子為帆布製。

FEG 37M用槍套

裝甲兵軍官

茶色皮製短外套

FEG 37M用槍套

斯洛伐克軍

依1938年9月的慕尼黑協定，斯洛伐克於翌年3月自捷克斯洛伐克獨立，成為斯洛伐克共和國。雖說是獨立，但由於是德國的保護國，因此也成為軸心國的一員。二次大戰曾參與波蘭戰役，德蘇戰開始後又於東部戰線作戰。1944年8月，國內發生民眾反德起義，但卻遭到鎮壓，被德國占領。之後，首都布拉提斯拉瓦在蘇軍攻擊下，於1945年4月失陷。5月德國投降後，共和國便告消滅。

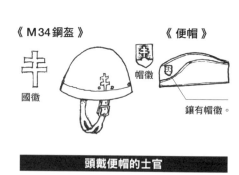

《M34鋼盔》

國徽

帽徽

《便帽》

鑲有帽徽

頭戴便帽的士官

便帽

M39型野戰服

階級章

雖然肩膀上有肩袢，但階級章卻是在領子上。

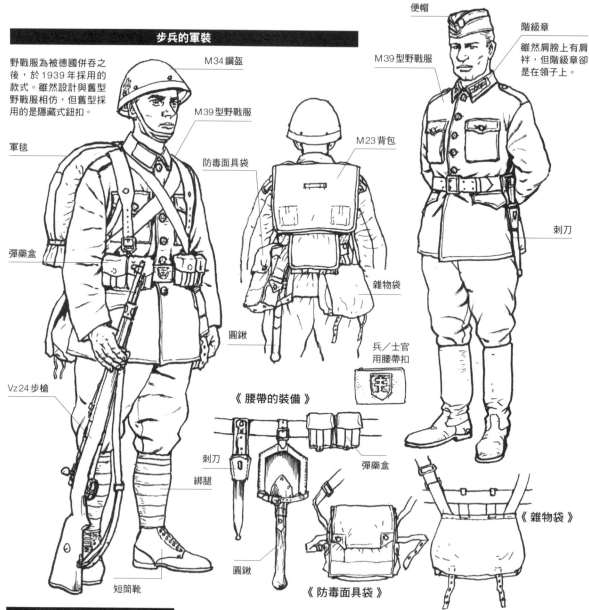

步兵的軍裝

野戰服為被德國併吞之後，於1939年採用的款式。雖然設計與舊型野戰服相仿，但舊型採用的是隱藏式鈕扣。

軍毯

彈藥盒

Vz24步槍

M34鋼盔

M39型野戰服

防毒面具袋

M23背包

雜物袋

圓鍬

兵／士官用腰帶扣

《腰帶的裝備》

刺刀

綁腿

圓鍬

短筒靴

刺刀

彈藥盒

《防毒面具袋》

《雜物袋》

刺刀

斯洛伐克陸軍的階級章

〔領章〕

 中將

 少將

 上校

 中校

 少校

 上尉

 中尉

 少尉

 一等准尉

 二等准尉

 中士

 代理中士下士

 下士

 代理下士上等兵

 兵

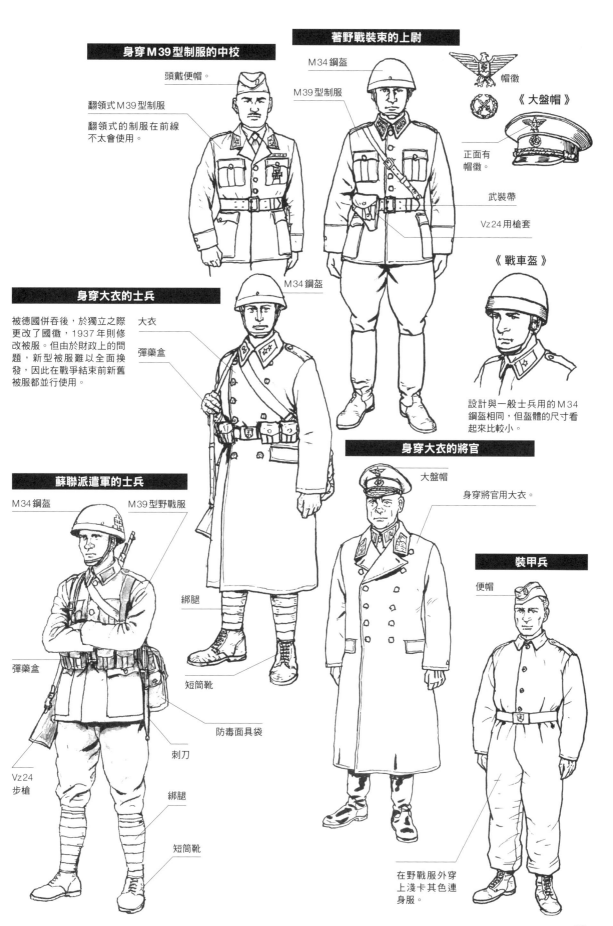

身穿 M39 型制服的中校

頭戴便帽。

翻領式 M39 型制服

翻領式的制服在前線不太會使用。

著野戰裝束的上尉

M34 鋼盔

M39 型制服

帽徽

《大盤帽》

正面有帽徽。

武裝帶

Vz24 用槍套

M34 鋼盔

《戰車盔》

設計與一般士兵用的 M34 鋼盔相同，但盔體的尺寸看起來比較小。

身穿大衣的士兵

被德國併吞後，於獨立之際更改了國徽，1937 年則修改被服。但由於財政上的問題，新型被服難以全面換發，因此在戰爭結束前新舊被服都並行使用。

大衣

彈藥盒

綁腿

短筒靴

身穿大衣的將官

大盤帽

身穿將官用大衣。

裝甲兵

便帽

蘇聯派遣軍的士兵

M34 鋼盔

M39 型野戰服

彈藥盒

Vz24 步槍

防毒面具袋

刺刀

綁腿

短筒靴

在野戰服外穿上淺卡其色連身服。

保加利亞軍

保加利亞於1941年3月因德軍進駐而加盟成為軸心國。雖然沒有參與對蘇戰役，但蘇聯卻於1944年9月5日向保加利亞宣戰，保加利亞軍沒有抵抗便告投降。9月9日發生政變，推翻政權後加入同盟國陣營，開始對德國作戰。

《 保加利亞軍的鋼盔 》

國家色章

M36／A鋼盔

M36／C鋼盔

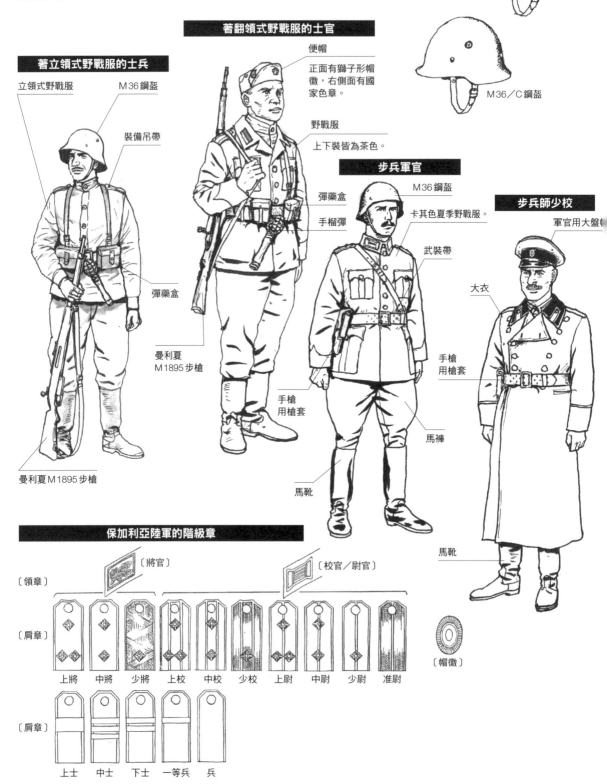

著翻領式野戰服的士官

便帽
正面有獅子形帽徽，右側面有國家色章。

野戰服
上下裝皆為茶色。

彈藥盒

手榴彈

手槍用槍套

曼利夏M1895步槍

著立領式野戰服的士兵

立領式野戰服

M36鋼盔

裝備吊帶

彈藥盒

曼利夏M1895步槍

步兵軍官

M36鋼盔

卡其色夏季野戰服。

武裝帶

手槍用槍套

馬褲

馬靴

步兵師少校

軍官用大盤帽

大衣

手槍用槍套

馬靴

保加利亞陸軍的階級章

〔將官〕

〔校官／尉官〕

〔領章〕

〔肩章〕

上將　中將　少將　上校　中校　少校　上尉　中尉　少尉　准尉

〔帽徽〕

〔肩章〕

上士　中士　下士　一等兵　兵

德軍的志願部隊

二次大戰的德軍，會在併吞地、占領區招募德裔居民與殖民地居民編組志願軍。等到德蘇戰開打後，除了軸心國外，也會以蘇軍俘虜與占領地居民編組多支反共志願軍部隊。

西班牙志願第250師「藍師」的士兵

紅扁帽

ESPAÑA

右手臂上有西班牙志願部隊臂章。

斯拉夫志願軍 東方部隊的士兵

東方部隊是德軍首支志願軍部隊。主要是由蘇軍俘虜中的志願者與占領地的親德人士編制而成。他們會依出身地編組，有烏克蘭、亞美尼亞、喬治亞等部隊，在西部戰線與盟軍交戰。

M43規格帽

西班牙志願第250師「藍師」的士官

志願軍從西班牙出發時，使用的是本國軍裝，但在抵達德國後，便由德軍提供制服與裝備。第250師的成員有不少人都經歷過西班牙內戰，因此戰鬥力頗高。

彈藥盒

德軍的鋼盔

M40野戰服

M36野戰服

衝鋒槍用彈匣袋

西班牙雖然採行向德國靠攏的政策，但卻持續拒絕希特勒提出的參戰要求。然而，為了報答德國協助內戰的恩情，還是有派4個團的志願軍參與德蘇戰。

MP40衝鋒槍

地圖袋

克羅埃西亞志願第369步兵團的士兵

克羅埃西亞志願部隊臂章

KROATIEN

德國占領南斯拉夫後，由獨立出來的克羅埃西亞組成志願兵。克羅埃西亞志願部隊包含第369步兵團在內，共編組4個步兵團。

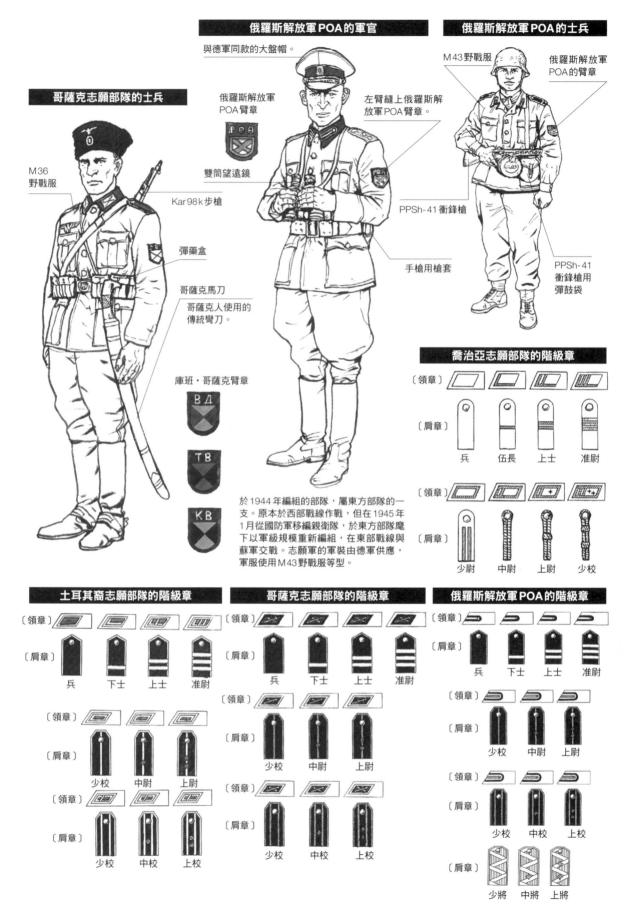

俄羅斯解放軍POA的軍官

與德軍同款的大盤帽。

俄羅斯解放軍
POA臂章

左臂縫上俄羅斯解
放軍POA臂章。

雙筒望遠鏡

手槍用槍套

俄羅斯解放軍POA的士兵

M43野戰服

俄羅斯解放軍
POA的臂章

PPSh-41衝鋒槍

PPSh-41
衝鋒槍用
彈鼓袋

哥薩克志願部隊的士兵

M36
野戰服

Kar98k步槍

彈藥盒

哥薩克馬刀

哥薩克人使用的
傳統彎刀。

庫班‧哥薩克臂章

於1944年編組的部隊，屬東方部隊的一支。原本於西部戰線作戰，但在1945年1月從國防軍移編親衛隊，於東方部隊麾下以軍級規模重新編組，在東部戰線與蘇軍交戰。志願軍的軍裝由德軍供應，軍服使用M43野戰服等型。

喬治亞志願部隊的階級章

〔領章〕
〔肩章〕
兵　伍長　上士　准尉

〔領章〕
〔肩章〕
少尉　中尉　上尉　少校

土耳其裔志願部隊的階級章

〔領章〕
〔肩章〕
兵　下士　上士　准尉

〔領章〕
〔肩章〕
少校　中尉　上尉

〔領章〕
〔肩章〕
少校　中校　上校

哥薩克志願部隊的階級章

〔領章〕
〔肩章〕
兵　下士　上士　准尉

〔領章〕
〔肩章〕
少校　中尉　上尉

〔領章〕
〔肩章〕
少校　中校　上校

俄羅斯解放軍POA的階級章

〔領章〕
〔肩章〕
兵　下士　上士　准尉

〔領章〕
〔肩章〕
少校　中尉　上尉

〔領章〕
〔肩章〕
少校　中校　上校

〔肩章〕
少將　中將　上將

喬治亞志願部隊的軍官

與德軍同款的大盤帽。

M36制服

喬治亞志願部隊的
臂章縫於右手臂。

GEORGIEN

亞美尼亞志願部隊的士兵

ARMENIEN

亞美尼亞志願
部隊的臂章縫於右手臂。

德軍鋼盔

M36野戰服

所屬部隊徽

土耳其裔志願部隊的士兵

BIZ ALLA BilEN.
TÜRKISTAN

由德蘇戰的土耳其裔蘇軍俘虜組成的志願部
隊,主要於法國與義大利和盟軍交戰。

比利時志願部隊的士兵

由住在比利時瓦隆地域的瓦隆人編組而成的志願部
隊。1941年始於營級,後來又擴編至旅級,到了
1944年則成為師級部隊。

WALLONIE

比利時志願部隊臂章縫
於左手臂。

反共法國志願軍(LVF)的士官

法國志願部隊臂章縫
於右手臂。

FRANCE

便帽

M36戰鬥服

印度志願部隊的士兵

纏頭巾為印度人
部隊的象徵。

FREIES INDIEN

印度志願部隊
的臂章縫在右
手臂上。

Kar98k步槍

由法國反共主義者、法軍俘虜,以
及因俄國革命逃至法國的俄羅斯人
志願者編組而成的志願部隊。除此
之外,法國還有由法國人志願兵編
成的第33 SS武裝擲彈兵師(查理
曼師)。

由印度兵俘虜與住在歐
洲的印度人志願者建立
的志願部隊。指揮印度
獨立運動的蘇巴斯·錢
德拉·鮑斯向德國尋求
援助,因而編成部隊。

非洲/中東的志願部隊士兵

由北非的突尼西
亞、中東的敘利
亞及伊拉克出身
者編組而成的志
願軍,原本預計
在德國挺進中東
時派上用場。

FREIES ARABIEN

滿洲國軍

1932年建國的滿洲國，有成立陸海軍與航空隊。當初是由日軍派遣軍事顧問，對舊軍閥的部隊進行指導、指揮，等到軍官學校開辦後，便陸續擴充組織，肩負滿洲國防衛任務。滿洲國軍在1933年的熱河作戰以及後來的諾門罕事件有參與過實戰，1941年則實施徵兵，並將槍械類統一為日本製品。

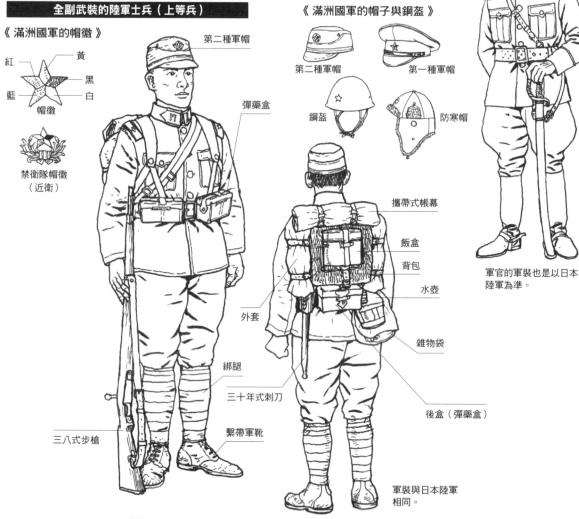

全副武裝的陸軍士兵（上等兵）

《 滿洲國軍的帽徽 》

紅　黃
　黑
藍　白
帽徽

禁衛隊帽徽
（近衛）

第二種軍帽

彈藥盒

外套

綁腿

三十年式刺刀

繫帶軍靴

三八式步槍

《 滿洲國軍的帽子與鋼盔 》

第二種軍帽　　第一種軍帽

鋼盔　　防寒帽

攜帶式帳幕

飯盒

背包

水壺

雜物袋

後盒（彈藥盒）

軍裝與日本陸軍相同。

軍官的軍裝也是以日本陸軍為準。

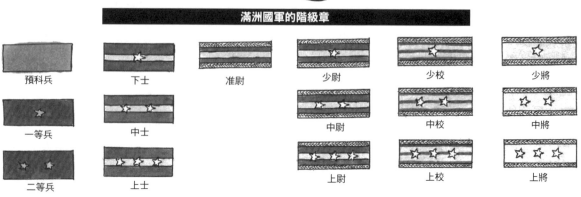

滿洲國軍的階級章

預科兵　　下士　　准尉　　少尉　　少校　　少將

一等兵　　中士　　　　　　中尉　　中校　　中將

二等兵　　上士　　　　　　上尉　　上校　　上將

上等兵

日軍與滿洲國軍的階級對比：下士官＝軍士、伍長＝下士、軍曹＝中士、曹長＝上士、將校＝官長、大尉＝上尉、少佐＝少校、中佐＝中校、大佐＝上校、大將＝上將。

身穿防寒服的上尉

頭戴防寒帽。

防寒外套

憲兵

鑲有憲兵帽徽。

憲兵帽徽

佩戴袖章。

軍刀

輕機槍手

防寒帽

穿上綿外套。

十一年式輕機槍

彈藥盒

在酷寒的滿洲必須穿戴防寒裝備，由日軍供應防寒長外套、防寒短外套等裝備。

禁衛騎兵隊

禁衛騎兵隊的戰鬥力曾獲日軍高度評價。剛建國時使用的是軍閥時代的防寒帽與八八式步槍。

三八式步槍

彈藥盒

印度國民軍（INA）

依照日本陸軍與印度獨立連盟的計畫，當日軍占領新加坡後，由印度軍俘虜中的志願者編成印度國民軍（Indian National Army，INA）。蘇巴斯・錢德拉・鮑斯於1943年10月21日在印度獨立連盟總會宣布成立自由印度臨時政府，並於該月24日以軸心國身分向美國與英國宣戰。

《印度國民軍的鋼盔與帽子》

Mk.II 鋼盔　　便帽

印度國民軍士兵

印度國民軍（INA）的軍裝，基本上是使用英軍的熱帶制服。他們會協助日軍，曾參與英帕爾作戰。

錫克教徒會纏上頭巾。

卡其上衣

武裝帶

水壺

卡其短褲

長筒襪

綁腿

短筒靴

No.1 Mk.III步槍

軍官

便帽

手槍用槍套

防毒面具袋

手槍掛繩

軍官也比照士兵使用英軍的熱帶制服。印度國民軍的兵力在戰爭結束時約有2萬人。

印度國民軍最高指揮官蘇巴斯・錢德拉・鮑斯

卡其灌木夾克

鮑斯為從事印度獨立運動而流亡德國，太平洋戰爭爆發後，他於1943年5月前往日本尋求協助，並擔任自由印度臨時政府主席兼印度國民軍最高指揮官。1945年8月18日，他從臺灣準備飛往蘇聯之際，因座機墜毀而身亡。

長靴

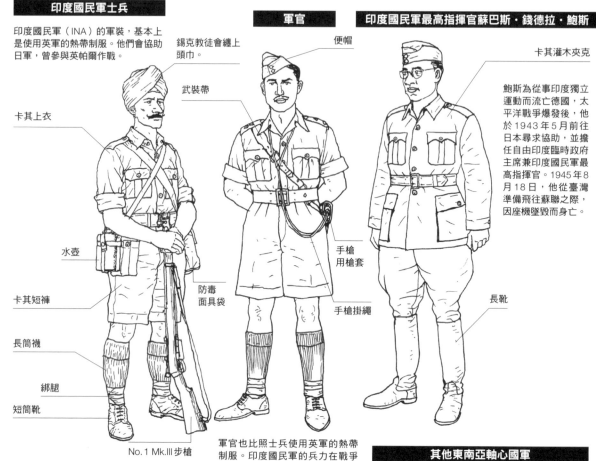

印度國民軍女性士兵

印度國民軍也有編組女性部隊。

便帽

卡其上衣

No.1 Mk.III步槍

其他東南亞軸心國軍

《緬甸獨立志願軍的士兵》

防暑帽

軍裝為日軍式。

武器使用英國的No1 Mk.III步槍。

緬甸獨立志願軍是由日本的南機關（特務機關）建立。

《泰國軍的士兵》

便帽

彈藥盒

66式步槍

地下足袋

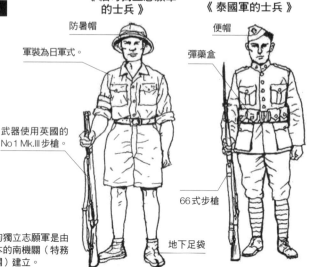

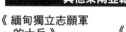

華北臨時政府軍／南京國民政府軍

盧溝橋事件後，占領華北的日本於1937年12月成立華北臨時政府，以在當地實行統治。後來日軍為了對抗退守重慶持續抗戰的蔣介石，又於1940年3月以汪兆銘為主席，扶植成立中華民國南京國民政府。此時中華民國臨時政府就被南京國民政府吸收，而南京國民政府只被軸心國承認，並未獲得同盟國認可。1943年1月，汪兆銘向美國、英國宣戰。

政府軍負責河北省、山東省、河南省、山西省這華北四省，以及北京、天津、青島等城市的治安維持任務。軍裝使用軍閥時代款式，因此裝備會依地區與部隊而有差異。

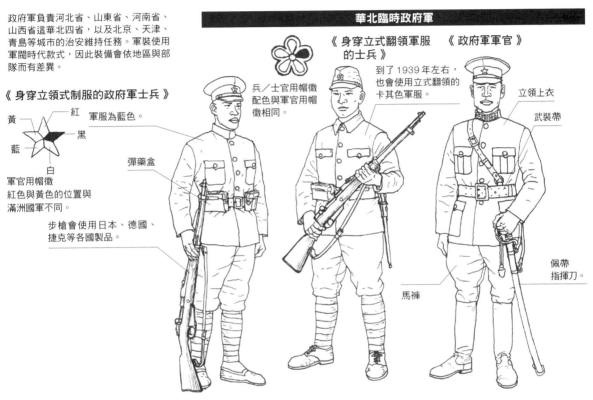

華北臨時政府軍

《身穿立領式制服的政府軍士兵》

黃　紅
　黑
藍　白
軍官用帽徽
紅色與黃色的位置與
滿洲國軍不同。

軍服為藍色。

彈藥盒

步槍會使用日本、德國、捷克等各國製品。

兵／士官用帽徽
配色與軍官用帽徽相同。

《身穿立式翻領軍服的士兵》

到了1939年左右，也會使用立式翻領的卡其色軍服。

《政府軍軍官》

立領上衣

武裝帶

佩帶指揮刀。

馬褲

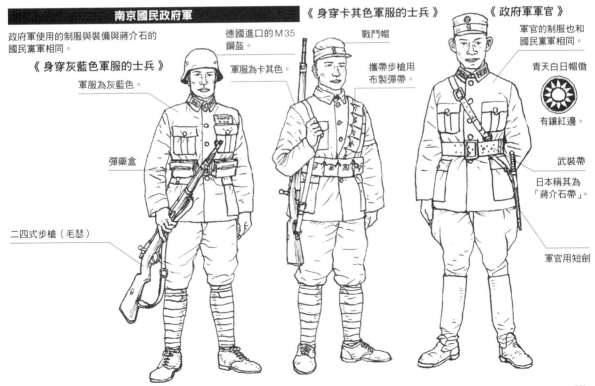

南京國民政府軍

政府軍使用的制服與裝備與蔣介石的國民黨軍相同。

《身穿灰藍色軍服的士兵》

軍服為灰藍色。

彈藥盒

二四式步槍（毛瑟）

德國進口的M35鋼盔。

軍服為卡其色。

《身穿卡其色軍服的士兵》

戰鬥帽

攜帶步槍用布製彈帶。

《政府軍軍官》

軍官的制服也和國民黨軍相同。

青天白日帽徽

有鑲紅邊。

武裝帶

日本稱其為「蔣介石帶」。

軍官用短劍

各國其他
部隊與裝備

介紹在軍隊裡扮演警察角色的憲兵隊、於戰爭時期擔綱重要職務的女性部隊,以及作為士兵重要行動工具的軍用自行車等各種裝備品。

憲兵隊

憲兵的工作包括維持軍隊秩序與紀律、取締犯罪、指揮交通，戰時也負責處置俘虜。因任務特殊，所以軍裝也依國家各具特色。

●德軍

手持交通指示棒的野戰憲兵

《野戰憲兵徽》

顏色與兵科色同為橘色。

胸牌

交通指示棒

武裝親衛隊的野戰憲兵

胸牌上的鷹徽為親衛隊版本。

左袖有所屬部隊名稱袖章與憲兵袖章。

SS山地部隊徽

Feldgendarmerie

野戰憲兵隊的袖章

《胸牌》
源自盔甲的胸甲，是一塊金屬板，上面打印陸軍徽與Feldgendarmerie（野戰憲兵）字樣。

此處塗有螢光塗料，夜間會發光。

《保安警察徽》
顏色為兵科色的淺綠色。

第13SS武裝山地師「聖刀師」的野戰憲兵

這支部隊是由波士尼亞的伊斯蘭教徒志願兵組織而成，因此會戴菲斯帽。

野戰憲兵徽

克羅埃西亞師徽

袖章

保安警察

德國的政治警察，屬武警性質。除了負責防諜、取締思想犯，也執行治安維持任務，在占領地會與反抗游擊隊交戰。

佩戴保安警察徽。

《交通指示棒》
執行車輛臨檢與手勢指揮交通之際使用。圓牌上漆有醒目的紅白顏色，搭配憲兵隊徽與HALT（停止）POLIZEI（警察）字樣。也有僅漆紅白色的版本。

空軍地面部隊的野戰憲兵

野戰憲兵隊的袖章

胸牌上的鷹徽為空軍版本。

身穿摩托車兵外套，以橡膠防水布製成。

MP40衝鋒槍

地圖袋

左袖有空軍袖章。

●日軍

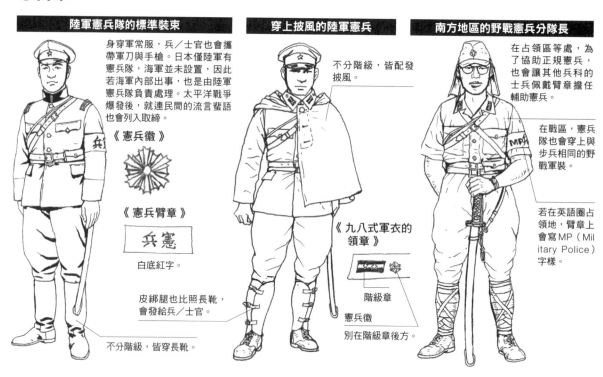

陸軍憲兵隊的標準裝束

身穿軍常服，兵／士官也會攜帶軍刀與手槍。日本僅陸軍有憲兵隊，海軍並未設置，因此若海軍內部出事，也是由陸軍憲兵隊負責處理。太平洋戰爭爆發後，就連民間的流言蜚語也會列入取締。

《憲兵徽》

《憲兵臂章》

兵憲

白底紅字。

皮綁腿也比照長靴，會發給兵／士官。

不分階級，皆穿長靴。

穿上披風的陸軍憲兵

不分階級，皆配發披風。

《九八式軍衣的領章》

階級章

憲兵徽

別在階級章後方。

南方地區的野戰憲兵分隊長

在占領區等處，為了協助正規憲兵，也會讓其他兵科的士兵佩戴臂章擔任輔助憲兵。

在戰區，憲兵隊也會穿上與步兵相同的野戰軍裝。

若在英語圈占領地，臂章上會寫MP（Military Police）字樣。

●中國軍

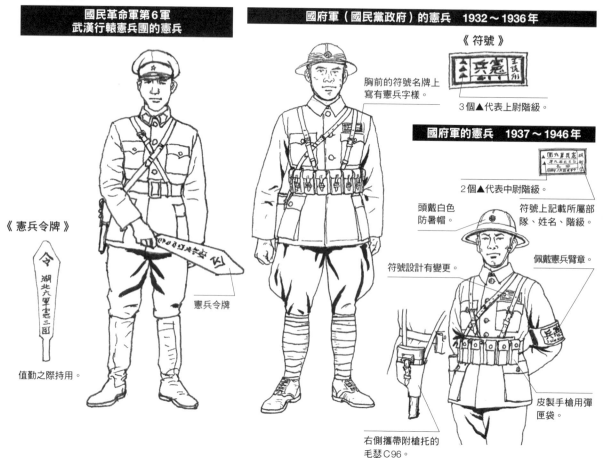

國民革命軍第6軍 武漢行轅憲兵團的憲兵

《憲兵令牌》

令

湖北六軍憲三團

值勤之際持用。

憲兵令牌

國府軍（國民黨政府）的憲兵 1932～1936年

《符號》

3個▲代表上尉階級。

胸前的符號名牌上寫有憲兵字樣。

國府軍的憲兵 1937～1946年

2個▲代表中尉階級。

符號上記載所屬部隊、姓名、階級。

頭戴白色防暑帽。

符號設計有變更。

佩戴憲兵臂章。

皮製手槍用彈匣袋。

右側攜帶附槍托的毛瑟C96。

●美軍／英軍／蘇軍

指揮交通的美國陸軍憲兵

白色鋼盔、手套與綁腿是美國陸軍憲兵的特 。
若有佩戴武裝帶，也會用白色版本。

若處於平時或後方地區，
僅會戴上內盔。

《美國陸軍憲兵的臂章》
臂章為藍底白字

腰帶與槍套為
茶色皮革。

英國陸軍憲兵

由於憲兵的大盤帽會套上紅色帽冠，
因此也稱為「紅帽」。

《英國陸軍憲兵
的臂章》
臂章為藍底紅字。

腰帶、武裝帶、綁腿皆為白色。

於前線值勤的美國陸軍憲兵

鋼盔標識基本上
是白底搭配MP字
樣，有時也會漆
上線條與隊徽。
若是在前線，則
會以OD色搭配白
色或黃色MP字樣
與線條。

憲兵的軍裝除鋼盔
與臂章之外，皆與
一般士兵相同。

白色大盤帽冠。

英國陸軍交通管制憲兵部隊的士兵

英軍除了憲兵隊之外，還有編制交通管制憲兵部隊。
該部隊的士兵會使用白色帽冠與袖套。

《英國陸軍交通管制憲兵隊的隊徽》

袖子上會戴袖套。

C.M.P.
TC

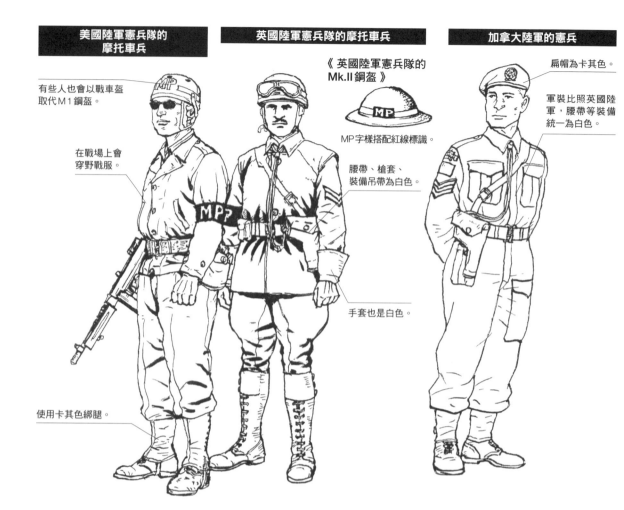

美國陸軍憲兵隊的摩托車兵

有些人也會以戰車盔取代 M1 鋼盔。

在戰場上會穿野戰服。

MP

使用卡其色綁腿。

英國陸軍憲兵隊的摩托車兵

《英國陸軍憲兵隊的 Mk.II 鋼盔》

MP 字樣搭配紅線標識。

腰帶、槍套、裝備吊帶為白色。

手套也是白色。

加拿大陸軍的憲兵

扁帽為卡其色。

軍裝比照英國陸軍，腰帶等裝備統一為白色。

身穿夏季制服的美國陸軍憲兵

白色防暑帽。

著卡其上衣與長褲。

《蘇聯陸軍憲兵的 M40 鋼盔》

鑲白邊的黑帶搭配白色「MP」字樣。

蘇聯陸軍的憲兵

《蘇聯陸軍憲兵的臂章》

P

臂章為紅底配白色 P 字。

野戰服搭配臂章。

蘇聯 NKVD（內務人民委員部）

綠色帽子為 NKVD 轄下的邊防部隊。

藍色帽子為 NKVD。

二次大戰時期，為了在最前線維持軍隊官兵士氣並糾舉間諜，會以督戰隊身分活動。他們不歸軍方指揮，而是直接聽令史達林與 NKDV 長官拉夫連季・貝利亞。

醫務兵

最前線的醫務兵，任務是對負傷士兵進行緊急處置，並將傷兵後送至野戰醫院。二次大戰時期的緊急處置，僅能做到止血、消毒，以及使用止痛藥劑緩解疼痛，相當有限。

穿上紅十字背心的美國陸軍醫務兵

兩臂佩戴紅十字臂章。

穿上背心。

美國陸軍的醫務兵

漆有紅十字的鋼盔。

野戰服與一般兵相同。

手臂佩戴紅十字臂章。

裝醫療器材的醫護包。

英國陸軍的擔架兵

在戰場上負傷並接受緊急處置後，仍舊難以步行的傷兵，會以擔架後送至野戰醫院。

臂章為白底搭配紅色SB（Stretcher Bearer，擔架兵）字樣。

裝有醫療器材的背包。

北非戰線的英國陸軍作戰醫療技術兵

《各種臂章款式》

左側為水壺。

配備醫療包。

《美軍鋼盔的各種紅十字標識》

基本款標識為前後左右漆上白圈加紅十字。

左右漆上白色方塊加紅十字，正面有階級標識。

前後左右漆上白色菱形加紅十字。

正面漆上鑲白邊紅十字，左右漆上師徽。

左右漆上大白圈加紅十字，正面有師徽。

整個鋼盔漆成白色，前後左右漆上紅十字。

醫療包為2個一組，以專用裝備吊帶佩掛。

蘇聯陸軍的女性衛生兵

蘇軍很早就有派遣女性士兵前往最前線。

《套上紅十字盔布的法軍鋼盔》

法軍的軍醫

《法軍的醫療部隊徽章》

軍醫的鋼盔上有醫療部隊徽章。

《擔架兵的臂章》

卡其臂章上有白色斜十字符號。

與他國衛生兵一樣，法軍軍醫在最前線僅會攜帶醫療包與水壺。

配備武器的蘇軍軍醫

基於國際法日內瓦條約，軍醫在戰場上應受保護，且不得武裝。然而，他們在戰場上仍然會被攻擊，特別是在東部戰線，德蘇兩軍的軍醫都會被針對，因此有些軍醫也會配備武器。

義大利軍的軍醫

鋼盔上有醫療部隊徽。

左臂佩戴紅十字臂章。

攜帶醫療包。

《紅十字徽》

《義大利軍的醫療部隊徽》

德軍的軍醫

《德軍傘兵盔的標識》

鋼盔頂部會漆上紅十字，但也有些沒漆。

縫上醫療員徽章。

腰帶左右佩掛2個皮製醫療包。

《德軍的M39醫療包》（背包）

M39醫療包

左臂佩戴紅十字臂章。

紅十字識別背心

日軍的衛生兵（軍醫）

攜帶放有衛生器材的皮製繃帶包。

軍衣袖子縫上紅十字徽。

《軍醫繃帶包》

各國的女性士兵

軍隊原本是禁止女人參與的組織，女性要到第一次世界大戰時期才開始加入。由於一戰演變成總體戰，為了彌補男性兵力不足，英國便開始建立女性部隊。戰爭結束後，女性部隊曾一度解散，但是當二戰危機逼近時，女性部隊又重啟。同盟國、軸心國皆有多數女性加入陸海空軍，雖然她們大半負責後方支援，但像蘇軍也會派遣女性士兵往最前線執行作戰任務。

◉ 德軍

二次大戰時期，除了各種產業之外，就連軍隊也有女性加入從事各種任務。德軍的陸海空軍與親衛隊也有女性活躍於行政、通信、防空監視等任務。德軍會稱女性部隊為「女子輔助隊」，女性隊員則稱為「女助理」。

陸軍通信女子輔助隊

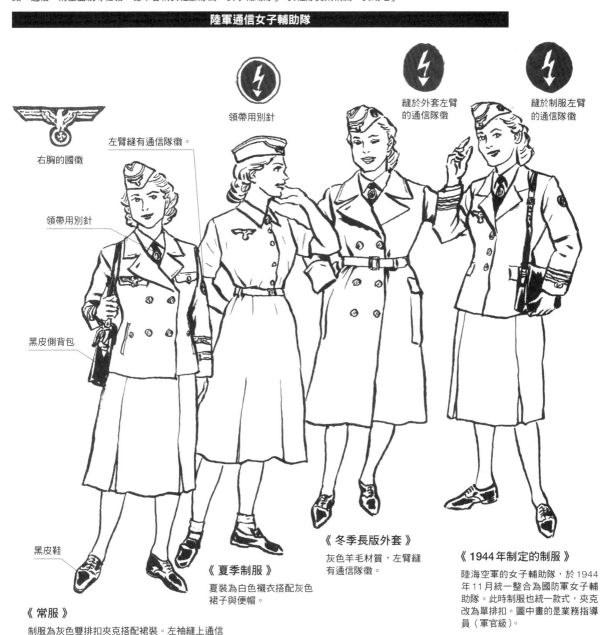

右胸的國徽

左臂縫有通信隊徽。

領帶用別針

領帶用別針

黑皮側背包

黑皮鞋

縫於外套左臂的通信隊徽

縫於制服左臂的通信隊徽

《常服》
制服為灰色雙排扣夾克搭配裙裝。左袖縫上通信隊徽（閃電）與「NH das Heeres」（陸軍通信隊）袖章。便帽有通信隊兵科色檸檬黃滾邊。

《夏季制服》
夏裝為白色襯衣搭配灰色裙子與便帽。

《冬季長版外套》
灰色羊毛材質，左臂縫有通信隊徽。

《1944年制定的制服》
陸海空軍的女子輔助隊，於1944年11月統一整合為國防軍女子輔助隊。此時制服也統一款式，夾克改為單排扣。圖中畫的是業務指導員（軍官級）。

親衛隊女子輔助隊

親衛隊徽章

親衛隊胸章

通信專長章

便帽為黑色。

親衛隊的制服為單排扣設計，上下裝皆為野灰色。左臂縫有親衛隊徽章與通信專長章，袖子上有時也會有所屬部隊袖章。

操作聽音機與探照燈時，會穿戴規格帽與操作服執行任務。階級章與職種章縫於左臂。

空軍女子輔助隊

空軍徽章

領帶別針

高射砲女子輔助隊
右臂章

《通信女助理》

《高射砲女助理》

空軍的制服為灰藍色單排扣設計。

通信隊章

探照燈操作手章

聽音機操作手章

海軍女子輔助隊

海軍胸章（金色）

領帶用別針（金色）

《軍常服》

海軍並無專用服裝，在1944年統一制服之前會使用陸軍制服。便帽為紺色的海軍型。左袖有「Marinehelferin」（海軍女助理）袖章。

《操作服》

1944年開始會配發紺色野外常服。

●英軍

英國於一戰時期在陸海空軍有編制女性輔助部隊，不過這些部隊在戰後便告解散。等到二戰危機迫在眉睫的1938年，英國政府又決定重新編組女性部隊。1938年9月，陸軍成立ATS（Auxiliary Territorial Service，本土輔助部隊）。海軍則於1939年2月成立WRNS（Woman's Royal Naval Service，英國海軍女子部隊），空軍也在6月成立WAAF（Woman's Auxiliary Air Force，空軍女子輔助部隊）。

陸軍　本土輔助部隊（ATS）

ATS徽章

《ATS灰外套》
卡其色羊毛材質防寒外套。

《ATS的1938年型制服》
兵／士官一般值勤時穿著的卡其羊毛制服，上衣與領帶為淡茶色。

ATS肩章
ATS

《1941年型制服》（兵／士官用）

PROVOST

《戰鬥服》
戰鬥服上衣與長褲會在戶外值勤與進行作業、訓練時穿著。

《各種鞋子》

ATS制式皮鞋（茶色）

ATS工作皮靴（茶色）

WRNS制式皮鞋（黑色）

WAAF制式皮鞋（黑色）

《制帽》
顏色與制服同為卡其色。

《ATS扁帽》

顏色為卡其色。

《憲兵隊的大盤帽》
大盤帽會套上紅色帽冠。女性憲兵一開始是戴ATS制帽，但在1941年以後則改用與男性同款的大盤帽。

ATS憲兵隊兵長。左右手臂縫有憲兵隊的PROVOST隊名章，左臂則佩戴MP臂章。ATS剛成立時仍是軍屬性質，1941年4月正式成為陸軍所屬部隊，因此也更改了制服。

《執行防空監視的ATS隊員》

Mk.II鋼盔

防毒面具袋

穿上防寒背心。

《 ATS 軍官制帽 》

《 ATS 便帽 》

《 WRNS 水兵帽 》

這款帽子又稱為「Rating's Cap」，正面有金色 HMS 字樣。

《 WRNS 軍官帽 》

《 ATS 軍官用制服
早期型 》

《 ATS 軍官用制服
1941 年型 》

《 WRNS 兵／士官制服 》

雖然款式與士官相同，但階級章縫在手臂上，且鈕扣為紺色。

軍官會在領片別上徽章。

WRNS 軍官用帽徽

《 WRNS 軍官制服 》

二級軍官（相當於上尉）的制服。白色上衣搭配紺色領帶。鈕扣為金色，階級章位於袖口。

《 WAAF 兵／
士官制帽 》

《 ATS 卡其布制服 》

灰藍色羊毛材質大衣，鈕扣與制服同為金色。

代表女性部隊的 A 字領章。

顏色與空軍制服同為灰藍色，鈕扣為金色。

《 WAAF 軍官制帽 》

軍官用帽徽

用於熱帶地區的棉質上衣與裙子。

《 WAAF 大衣 》

《 WAAF 軍官制服 》

《 WAAF 兵／士官制服 》

空軍女子輔助部隊（WAAF）

WAAF 肩章

●美軍

美軍的女性部隊，在陸軍有1942年5月14日編組的WAAC（Women's Army Auxiliary Corps，陸軍女子輔助部隊），此單位於1943年7月1日成為美國陸軍的制式部隊WAC（Women's Army Corps，陸軍女子部隊）。海軍也於1942年5月成立WAVES（Women's Reserve of the US Naval Reserve，美國海軍女子預備隊），陸戰隊則在翌年成立USMCWR（US Marine Corps Women's Reserve，美國陸戰隊女子預備隊）。WAFS（Women's Auxiliary Ferrying Squadron，女子輔助轉場隊）是一支負責把飛機從工廠飛到美國境內或英國基地的準軍事組織女性單位，編組於1942年9月。這個單位後來與女子飛行訓練特遣隊於1943年8月合併，改稱為WASP（Women Airforce Service Pilots，女子空勤飛行隊）。海岸防衛隊也有女性部隊，在二次大戰結束前共有超過20萬名女性參軍。

陸軍女子輔助部隊（WAAC）／陸軍女子部隊（WAC）

《部隊成立時採用的WAAC 軍常服》

WAAC 帽徽

兵／士官

軍官

軍官帽徽於 1943年7月 以後廢止。

腰帶於1942年 10月廢除。

《1943年6月制定的制服》

WAC 軍官帽徽

《WAC 連身式冬季制服》

非值勤時穿用的淡茶色制服。

WAC 領章

兵／士官

軍官

《WAC 熱帶制服》

卡其棉布上衣與 長褲

使用與男性士兵相同的 M1鋼盔與個人裝備。

《軍帽》

又稱「荷比帽」或「蒙奇帽」，WAAC與WAC 的帽徽設計不同。

《便帽》

1944年4月採用。

《WAC 羊毛野戰夾克》

女版「艾森豪夾克」， 1944年採用。

身穿女性用M1943 野戰夾克與長褲。

《WAC 野外訓練／作業用衣裝》

《 WAVES 軍官用制帽 》

WAVES 徽章

WAFS 徽章

WAFS 部隊章

WASP 飛行員徽章

《 WAVES 夏季用
連身型制服 》

《 WAVES 軍官用
冬季制服 》

上衣為單排
釦夾克型。

質料為有藍白條
紋的綿布，搭配
便帽使用。

《 WAFS 制服 》

《 WASP 飛行員 》

使用陸軍航空
隊的飛行夾克
與飛行衣。

近似灰色的綠色
羊毛夾克。

《 WAVES 兵／
士官用制帽 》

《 USMCWR 夏季制服 》

《 USMCWR 軍官用冬季制服 》

《 USMCWR 女性用
M1941 HBT 工作服 》

陸戰隊徽章

叢林綠的夏季
便帽。

以叢林綠羊毛
夾克與裙子搭
配卡其色上衣
和領帶。

夾克與長褲，除了
女版之外，也會穿
男性版。

白綠條
紋布料。

《 USMCWR 制帽 》

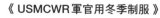

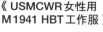

《 USMCWR 便帽 》

《 USMCWR 工作帽 》

叢林綠工作帽，穿夏
季制服時也會使用。
又稱「Daisy Mae」。

●蘇軍

蘇軍與二戰其他國家不同，會派遣大量女性到最前線與德軍作戰。其任務包括衛生兵、飛行員、裝甲兵、狙擊兵等，範圍相當廣，甚至還有編組女性戰鬥機部隊與戰車部隊。雖然制服有女性版本，但在德蘇戰開打後，由於生產與補給混亂的緣故，多會直接穿用男版制服。

陸軍

《 1941 年型制服 》

階級章別在領子上。

翻領式女版 Gymnastyorka 制服。

紺色裙子為正裝用，也有野戰用的卡其色版本。

《 連身型制服 》

《 大衣 》

便帽（Pilotoka）為男女共用。

《 1943 年型制服 》

階級章改成肩章。

1943 年修訂版的 Gymnastyorka 制服改為立領式。

《 看護兵　野戰服 》

《 軍官用大衣 》

有毛皮護耳的防寒帽（Ushanka）。

《 看護兵　制服 》

冬季防寒用的夾層棉防寒服。

《 女性用扁帽 》

蘇軍僅有女性會戴扁帽，顏色為紺色，也有卡其色的野戰版。

扁帽用帽徽

海軍軍官帽徽

《狙擊兵》

狙擊兵在戰場上會穿迷彩連身服。

蘇軍在二次大戰出過許多著名女性狙擊兵。

《裝甲兵》

使用男版 1943 年型 Gymnastyorka，另外裝甲兵也會領到棉質連身服。

《交通指揮員》

交通指揮部隊會佩戴「P」字臂章。

指揮交通用的紅、黃手旗。

海軍

空軍

《海軍軍官》

《海軍水兵》

內襯衣（海魂衫）的藍白橫條寬度比男性版細。

水兵服的版型與男性相同。

使用 1932 年型的軍官用武裝帶。

除了裙子之外，也有配發褲子。

《海軍士兵用腰帶扣》

《空軍少尉》

身穿 1941 年型 Gymnastyorka。

《女性飛行員》

女性有編制戰鬥機、轟炸機、夜間攻擊等實戰部隊。

防寒外套搭配降落傘套帶。

飛行徽章

飛行裝備與男性相同。

● 後方的日本女性

從明治時代到太平洋戰爭結束，日本陸海軍都不曾編制女性部隊。然而，當中日戰爭與太平洋戰爭爆發後，在國家總動員的政令下，女性也以軍屬、挺身隊等身分在後方扮演要角，一同為日本出力。

婦人會	軍屬

《 愛國婦人會 》

《 國防婦人會 》

《 大日本婦人會 》

胸章

《 女子通信隊 》

制服為戰爭期間罕見的兩件式洋裝。

婦人會是為了支援陣亡將士遺眷及傷病兵，於1901年成立。當初會員僅限皇族與上流階級婦人加入，之後擴大至一般民眾。活動時會穿事務服型上衣與紫色斜肩帶。

1932年以庶民女性為成員於大阪成立的婦人會，後來演變為全國組織。負責為出征士兵送行，並支援留守眷屬。割烹著（日式烹飪圍裙）與斜肩帶是其典型形象。

合併愛國婦人會、大日本連合婦人會（1931年創立）、國防婦人會這三支婦人會，於1942年2月成立。

陸軍的東部軍防空情報隊於1943年12月編組的女性軍屬部隊，負責通信業務。

《 女性駕駛 》

負責運送物資的卡車駕駛。

太平洋戰爭到了末期，為了準備本土決戰，女性也會開始從事竹槍訓練。

《 女性列車長 》

為了替補出征的男性，女性職種也日益擴大，火車的列車長也是其一。除了列車長之外，連司機員都有出現女性。

婦人國民服

1940年制定的男性國民服也有推出女性版，共有6種設計。然而，這套女性服裝卻未正式制定，因此以和裝或洋裝搭配勞動褲便成為一般國民裝束。

《甲型（洋裝）二部式
（兩件式）一號》

《甲型二部式二號》

《甲型一部式二號》

《乙型（和裝）二部式》

雖然是和服，但卻是兩件式，寬度減半的腰帶以下為裙裝風格，袖子也比較短。

《活動服》

穿上甲或乙式勞動褲。

《甲型一部式（連身式）一號》

完全防空服

依據1937年制定的防空法，國民不分男女皆須接受防備空襲的訓練，且在遭受空襲之際有義務執行消防滅火工作。為此，會鼓勵準備適合執行消防活動的服裝與配備。

鋼盔

防空頭巾

手套

勞動褲

綁腿

布鞋

防毒面具

刺子夾綿防空頭巾

手甲

應急袋

勤務服

女子挺身隊

未成年的女學生也須依「女性挺進勤勞令」前往軍需工廠工作。學生會穿作業服或學校的制服上衣搭配勞動褲。

《作業服》
用於軍需工廠等處，以卡其色布料製成。

軍用自行車

二次大戰前的德國陸軍，會投入自行車於傳令或偵察任務。大戰早期則會配賦步兵師的偵察營，供威力偵察與占領區巡邏之用。到了大戰後半期，為了彌補卡車等車輛不足以及燃料不足問題，也常會當成機動力使用。

《 將個人裝備裝在自行車上的陸軍士兵 》

1942年8月19日，為了攻擊奇襲登陸法國迪耶普海岸的盟軍，騎著自行車趕往海岸的德軍部隊。除了個人裝備之外，他們還在自行車上放滿備用彈藥，但因重量過重，甚至還有人把輪框給壓壞了。

《 軍用自行車 》（ Truppenfahrrad，Tr.Fa. ）

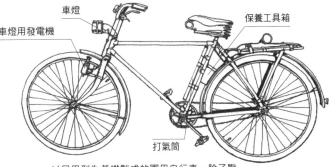

車燈

車燈用發電機

保養工具箱

打氣筒

以民用型為基礎製成的軍用自行車。除了戰鬥部隊外，後方的警衛與保安部隊也會使用。

《 騎往前線的希特勒青年團自行車隊 》

配備2具鐵拳火箭。

《 以汽車或卡車牽引的狀態 》

透過繩索連結，可以牽引10輛左右。

《 空降獵兵用摺疊式自行車後期型 》

《 空降獵兵用摺疊式自行車 》

車架的上管與下管中央可以拆卸並摺疊。

車架中間有摺疊鉸鍊，還有附貨架。

《 附降落傘的專用袋 》

摺疊狀態的自行車

降落傘

像這樣收進袋內，自運輸機空投。

《 裝載 MG34 機槍 》

MG34 機槍

彈鼓會放在貨架上。

將卸除槍托的機槍固定於下管。

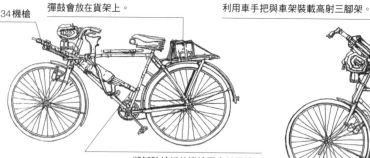

《 裝載 MG 用機槍架 》

利用車手把與車架裝載高射三腳架。

高射三腳架裝在貨架上。

《 裝載機槍備用槍管與彈藥 》

備用槍管裝在容器裡，固定在車手把與車架上。

貨架上可以放3個彈藥箱。

彈藥箱放在裝於上管的容器內。

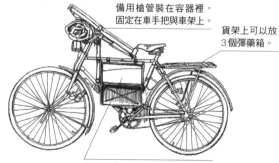

《 裝載 Pz39 戰防槍 》

由於戰防槍比較長，因此會水平固定於車架與貨架上。

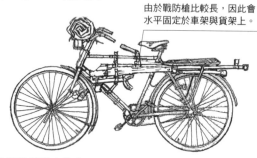

《 裝載手榴彈 》

利用車架上的容器裝載3顆手榴彈。

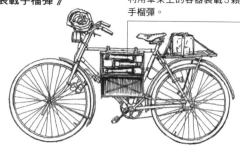

《 裝載鐵拳火箭 》

利用前叉兩側裝載2具鐵拳火箭。

《 裝載 IeGr.W. 36 5 cm 迫擊砲 》

固定分解後的迫擊砲砲管。

砲彈放入專用容器裝在貨架上，或以別輛自行車搬運。

座鈑固定於此。

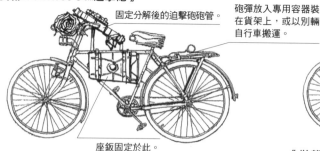

《 裝載鐵拳火箭 》

將2具鐵拳火箭固定於車架與貨架上。

《 裝載戰車殺手火箭筒 》

貨架可放2枚火箭彈。

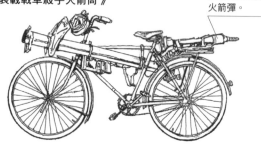

《 裝載 StG 44 突擊槍 》

以專用槍架固定StG 44 突擊槍。

也有專用架子用來攜帶戰防雷。

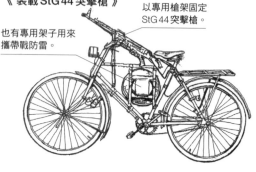

英國陸軍在一戰大量採用自行車,甚至有編組自行車步兵部隊。戰後,該部隊改編為步兵部隊,戰間期僅在後方地區當作傳令使用。二次大戰爆發後,傘兵部隊與突擊隊在前線除了傳令之外,也會將自行車用於偵察任務。

《使用自行車的英國步兵》

《BSA Mk.V軍用自行車》

英國陸軍使用的BSA(Birmingham Small Arms,伯明翰輕兵器)公司軍用自行車。雖然BSA一般是以摩托車較為出名,但也是從1880年左右就開始製造自行車的老字號。二次大戰使用的Mk.V是Mk.IV的改良型。

《BSA Mk.IV的小改款》

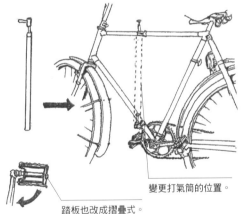

變更打氣筒的位置。

踏板也改成摺疊式。

由於歐洲道路鋪裝良好,因此英國陸軍早從1885年就開始採用自行車作為步兵部隊的機動力。

《BSA Mk.IV軍用自行車》

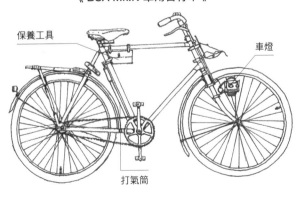

保養工具

車燈

打氣筒

第一次世界大戰使用的車型。車燈在戰場上很容易損壞,因此大多不會裝上。

《Mk. V裝載步槍》(例1)

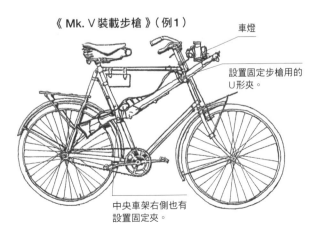

車燈

設置固定步槍用的U形夾。

中央車架右側也有設置固定夾。

《傘兵自行車》

BSA於1944年研製的傘兵部隊用自行車。諾曼第登陸作戰之際，除了傘兵部隊之外，突擊隊也有配備，官兵會帶著它一起搶灘。

《摺疊狀態的傘兵自行車》

車架中央有鉸鍊，可以對摺。

突擊隊為了放置背包與裝備，會在前方加裝架子。

《加裝架子的傘兵自行車》

車架上裝有專用帆布包。

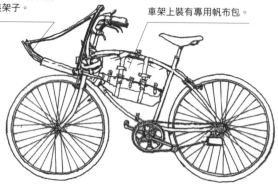

《帶著自行車跳傘的樣子》

空降作戰之際，自行車會由傘兵抱著跳傘，或以滑翔機運送。

對於在戰場上不太有交通工具能用的傘兵部隊而言，自行車是相當寶貴的移動手段。

摺疊後可縮小體積，最適合空降作戰使用。

除了步槍之外，前後貨架也會放置個人裝備。

《Mk. V 裝載步槍》（例3）

固定夾的位置換到後上叉與車手把中央。

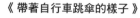

《Mk. V 裝載步槍》（例2）

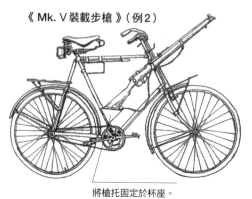

將槍托固定於杯座。

明治時代，日本的自行車以外國進口為主，後來陸續推出自製品。第一次世界大戰以後，自行車產業已經發展到可向海外出口。1941年12月8日展開的馬來作戰，雖然很重視部隊進行速度，但由於日本陸軍的機械化發展比較遲緩，為了彌補卡車不足，有臨時編制自行車部隊。

《 銀輪部隊 》

日軍的自行車部隊在馬來作戰發揮機動力，為新加坡攻略作出貢獻。

《 馬來作戰時的銀輪部隊 》

由於馬來半島的幹線道路鋪裝完備，因此據說前進速度可達徒步的3倍。活躍於馬來作戰的自行車部隊會稱為「銀輪部隊」。

裝載九六式輕機槍。

在機械化部隊車輛難以通過的叢林與小徑，自行車部隊除了騎乘之外，還能扛著車子突破，對敵發動奇襲。

《 日本陸軍的自行車 》

日本陸軍使用的自行車，是一般稱為「實用車」的商業用標準車型。

《 海軍陸戰隊的自行車 》

海軍也會使用自行車作為聯絡與公務用。

《 施以偽裝前進的銀輪部隊 》

將三八式步槍固定在車架上。

《陸軍兵器行政本部構想的搬運車　Laki車》

為自行車部隊與傘兵部隊研製的重兵器搬運車。圖為裝載九二式重機槍的狀態。

《裝載2個甲彈藥箱的狀態》

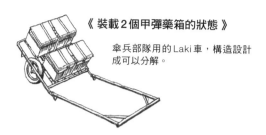

傘兵部隊用的Laki車，構造設計成可以分解。

《重機槍分隊的自行車與重機槍用側輪式搬運車（側掛車）》

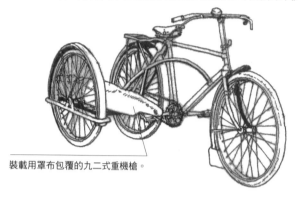

裝載用罩布包覆的九二式重機槍。

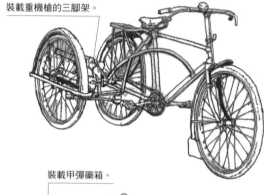

裝載重機槍的三腳架。

《裝載附件箱》

後部設置附件箱用貨架。

裝載甲彈藥箱。

重機槍的後梶　　圓鍬

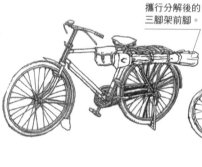

攜行分解後的三腳架前腳。

前梶與十字鎬。

《重機槍用後輪式搬運車（後拉車）》

重機槍分隊的編制包括1名分隊長與10名隊員。重機槍需以3輛車搬運，槍架與附件會拆解裝載於自行車上。

九二式重機槍可以連同三腳架一起裝載。

裝載重機槍彈藥的狀態。

有些搬運車會改造成可以裝載九七式自動砲。

也能裝載自動砲的彈藥。

美軍從1886年就已經引進自行車,歷史相當悠久。剛引進時,僅供戰鬥部隊機動性與偵察方面的運用測試,等到汽車普及之後,就不再編制自行車部隊了。二次大戰時期,僅會在後方基地與航空基地騎自行車,用於代步與連絡。

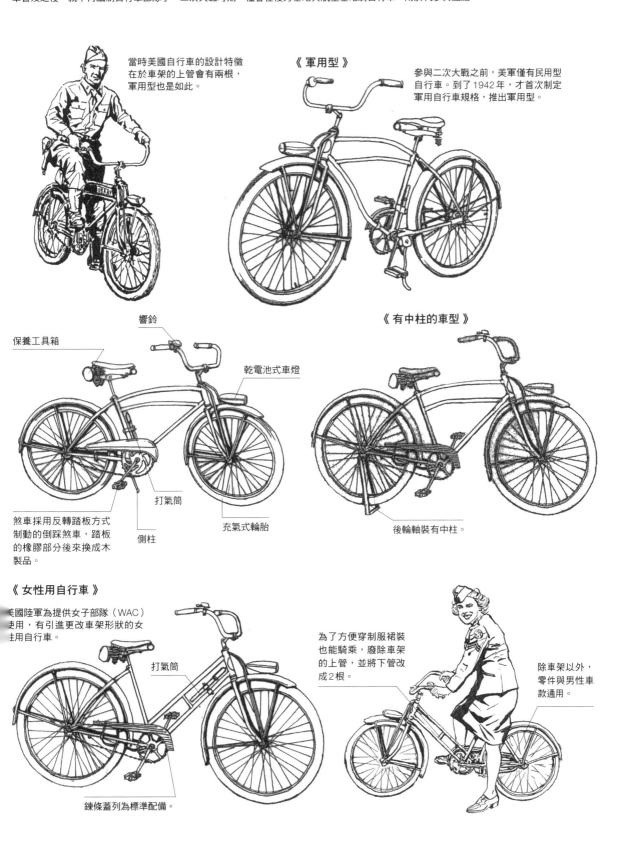

當時美國自行車的設計特徵在於車架的上管會有兩根,軍用型也是如此。

《 軍用型 》

參與二次大戰之前,美軍僅有民用型自行車。到了1942年,才首次制定軍用自行車規格,推出軍用型。

保養工具箱

響鈴

乾電池式車燈

《 有中柱的車型 》

煞車採用反轉踏板方式制動的倒踩煞車,踏板的橡膠部分後來換成木製品。

側柱

打氣筒

充氣式輪胎

後輪軸裝有中柱。

《 女性用自行車 》

美國陸軍為提供女子部隊(WAC)使用,有引進更改車架形狀的女性用自行車。

打氣筒

為了方便穿制服裙裝也能騎乘,廢除車架的上管,並將下管改成2根。

除車架以外,零件與男性車款通用。

鍊條蓋列為標準配備。

225

《哥倫比亞背包公司的摺疊式自行車》

鑽石型車架可自中央摺疊。省略鍊條蓋，踏板也改成簡易型，以求輕量化。

《各家廠商的大齒盤》

西田公司 一般型　　哥倫比亞背包公司

西田公司 傘兵型　　霍夫曼公司

《霍夫曼公司製 HF-777》

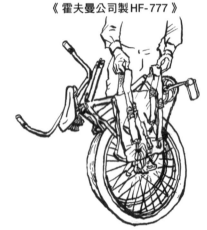

1943年，陸軍測試性的向霍夫曼公司訂購500輛摺疊式自行車，但在陸軍的使用狀況則不明。為了攜帶自行車，還將M1928背包改造成攜行裝具。

《西田公司製摺疊式自行車》

1941年，陸戰隊的傘兵部隊曾進行測試運用，但並未採用。西田公司製品的車架只有單根下管。

《保養工具》

皮箱

油壺

扳手

螺絲起子

鞋帶

抹布

《市場花園作戰時使用三輪車的士兵》

《騎自行車巡邏中的士兵》

美軍並未編制自行車步兵部隊，因此著戰鬥裝備騎乘自行車的資料照片比較少。

僅戴內盔，外盔與步槍掛在車手把上。

1944年9月，於市場花園作戰空降荷蘭後，以現地取得的三輪車載運A4航空貨櫃的第101空降師士兵。這種前方裝有貨架的三輪車，自1930年代起常在民間用於小型貨物運輸、配送，以及賣冰淇淋等。

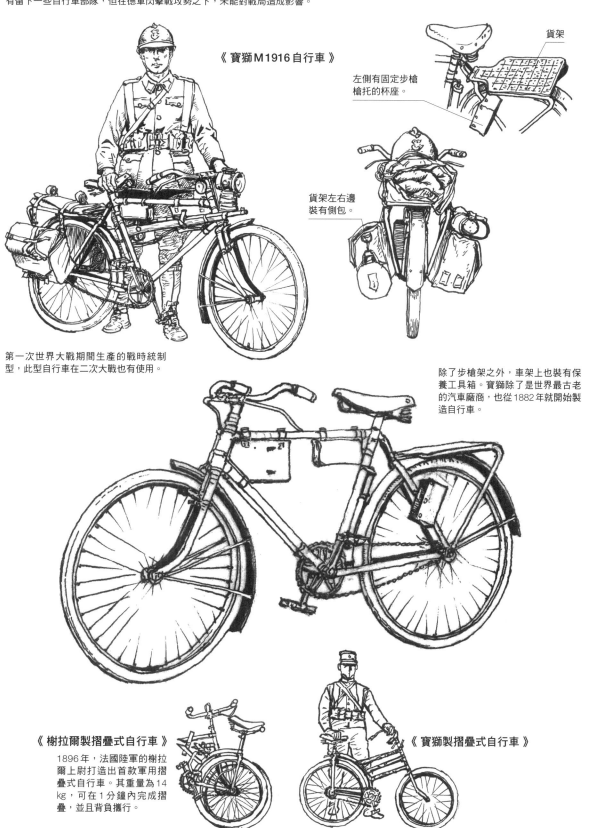

法軍用自行車

法軍從1886年開始採用自行車。第一次世界大戰在騎兵有編制自行車部隊,用於偵察與聯絡。二次大戰時期雖然有留下一些自行車部隊,但在德軍閃擊戰攻勢之下,未能對戰局造成影響。

《寶獅M1916自行車》

左側有固定步槍槍托的杯座。

貨架

貨架左右邊裝有側包。

第一次世界大戰期間生產的戰時統制型,此型自行車在二次大戰也有使用。

除了步槍架之外,車架上也裝有保養工具箱。寶獅除了是世界最古老的汽車廠商,也從1882年就開始製造自行車。

《榭拉爾製摺疊式自行車》

1896年,法國陸軍的榭拉爾上尉打造出首款軍用摺疊式自行車。其重量為14kg,可在1分鐘內完成摺疊,並且背負攜行。

《寶獅製摺疊式自行車》

義大利軍也從1886年開始採用軍用自行車，並於第一次世界大戰時期正式編組自行車部隊。神射手團編制有營級自行車部隊，讓部隊得以機動化。雖然該團於戰後轉型機械化，但二次大戰時期仍會讓自行車部隊搭配摩托化部隊執行偵察任務。

義大利陸軍的自行車是以摺疊式作為標準，另外也有傘兵部隊用的分解式與民用型。義大利軍的摺疊式自行車是在1892年由波塞里上尉研製。

騎車移動時，會將雜物袋與帳幕雨衣掛在車手把上，後部貨架則用來放背包與軍毯等個人裝備。

《比安奇M25》

二次大戰時期，僅有前輪煞車（軍官用車型則有前後輪煞車）的統制型。

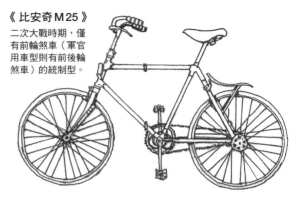

《D.A.R.E（陸軍機械化局）製M34》

《比安奇M12》

《比安奇M14／25機槍搬運車》

為了裝載布雷達M37重機槍，對車架上管進行改造。

《背負摺疊式自行車的神射手部隊士兵》

1911年採用，附步槍架的摺疊車型。

義大利北部的邊境地帶多為山地，於山區活動的神射手部隊在通過斜坡與崎嶇地形時，使用摺疊式自行車甚是方便。

各國的野戰靴

當時各國普遍使用牛皮軍靴，有包覆到腳踝的繫帶靴型以及長靴型。

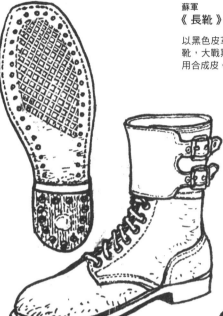

蘇軍
《 長靴 》

以黑色皮革製作的長靴，大戰期間也有改用合成皮。

法軍
《 M1917勤務靴 》

1917年採用後，一直用到1940年法軍投降為止。皮製靴底與腳跟有打鉚釘。

美軍
《 戰鬥勤務靴 》

結合皮製綁腿的戰鬥靴。綁腿有2副扣具，因此也稱「雙搭扣靴」。靴底為皮革包覆橡膠的複合型。1943年採用。

英軍
《 短筒靴 》

第一次世界大戰後採用的黑皮靴，部分軍官會使用茶色皮革製品。靴底為皮製，腳尖與腳跟有護條與U形鐵。

德軍
《 短筒靴 》

繫帶式軍靴。自戰前開始使用，二次大戰爆發前主要用於野戰以外的場合。

日軍
《 繫帶靴 》

以茶色牛皮製作，皮製靴底會打上鉚釘。戰爭末期因牛皮不足的關係，會改用豬皮、鯊魚皮，靴底則以橡膠替代。

義大利軍
《 短筒靴 》

有茶皮與黑皮兩種，特色是腳尖會多一塊皮墊，野戰用靴底會打上鉚釘。

德軍
《 長筒靴 》

德軍的野戰靴。二次大戰爆發後，為了節省皮革，於1943年左右多會開始改用短筒靴。

各國的兵籍牌

官兵平常會佩戴兵籍牌，用以證明軍人身分。在戰場上負傷或陣亡之際，也能透過兵籍牌確認身分。

《美國海軍／陸戰隊》（舊型）

海軍與陸戰隊除了新型之外，也會使用造形較偏橢圓的舊型款。

佩戴舊型兵籍牌的陸戰隊員。後來則以不易生鏽、比較耐熱的新型取代。

氏名

美軍

《兵籍牌打印範例》
※內容與表記方式、打印位置會依年代而異。

代號＋兵籍號碼

號碼前的代號
AR：正規軍
ER：備役軍官
NG：國民兵
US：徵召兵
O：軍官

宗教
P：基督教
C：天主教
J：猶太教
B：佛教
NP：無信仰

血型

最後施打破傷風疫苗的年份
T（破傷風）45（接種年）

德軍

橢圓形鋁合金牌。陣亡後會從中間往下折斷帶回，用以確認身分。

第一次世界大戰型

第二次世界大戰型
寬5cm，長7cm

義大利軍

第一次世界大戰時期使用裡面裝有識別紙片的墜盒型，第二次世界大戰時期則改成2片黃銅牌重疊打印的型式。

第一次世界大戰型

第二次世界大戰型

法軍

圓牌上打有一排小孔，以鍊條佩戴於手腕或腳踝。

荷蘭軍

方形鋅牌，與德軍一樣可從中央折斷。

匈牙利軍

鋁製墜盒型。

丹麥軍

鋅製圓牌。

比利時軍

黑色纖維製品。

英軍

陣亡後會將黑牌留在遺體上，紅牌則帶回。加拿大等大英國協軍也使用相同款式。板材為纖維製品。

紅色

黑色

日軍

橢圓形黃銅牌。上下有穿繩孔，自右肩掛至左側腋下。牌子上打印部隊番號、姓名、階級等，內容依時代而異。

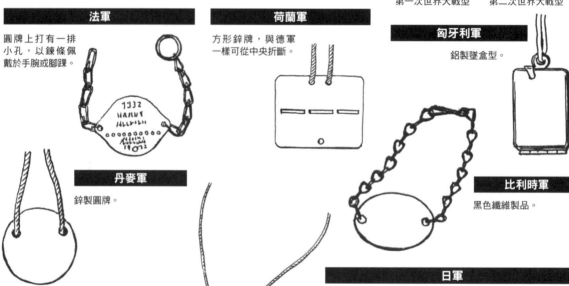

手槍用槍套

二次大戰時期，各國軍隊會使用各式新舊手槍，並為這些手槍製作專用槍套。槍套的材質與構造互有差異，種類非常繁多。

德軍配賦給官兵最具代表性的槍套，是制式手槍魯格P08與華瑟P38用品。不僅這些槍套有多種款式，且還有軍官私物、舊型手槍用、繳獲品等，會搭配手槍使用各式各樣的槍套。

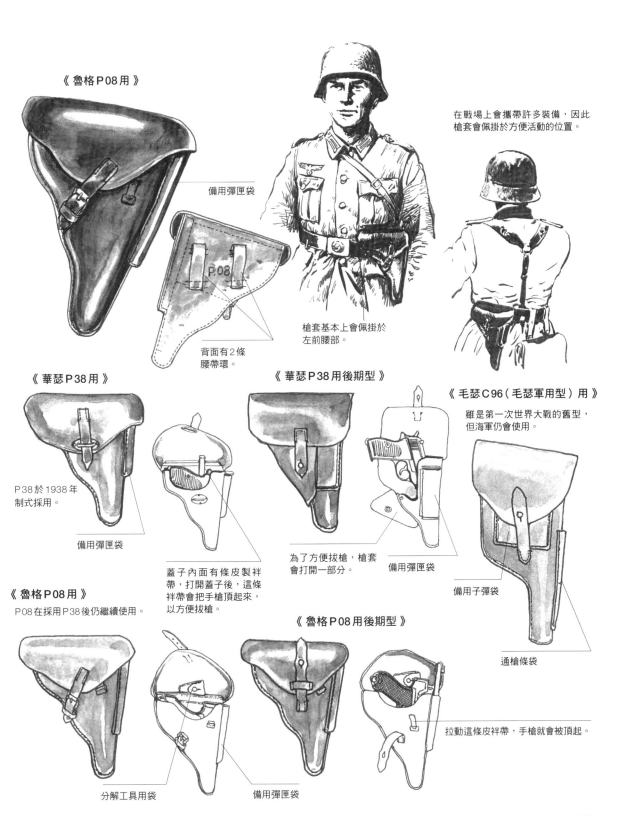

《魯格P08用》

備用彈匣袋

P.08

背面有2條腰帶環。

在戰場上會攜帶許多裝備，因此槍套會佩掛於方便活動的位置。

槍套基本上會佩掛於左前腰部。

《華瑟P38用》

P38於1938年制式採用。

備用彈匣袋

《華瑟P38用後期型》

蓋子內面有條皮製祥帶，打開蓋子後，這條祥帶會把手槍頂起來，以方便拔槍。

為了方便拔槍，槍套會打開一部分。

備用彈匣袋

《毛瑟C96（毛瑟軍用型）用》

雖是第一次世界大戰的舊型，但海軍仍會使用。

備用子彈袋

通槍條袋

《魯格P08用》

P08在採用P38後仍繼續使用。

《魯格P08用後期型》

拉動這條皮祥帶，手槍就會被頂起。

分解工具用袋

備用彈匣袋

佩掛紹爾H38用槍套的德國陸軍軍官。

《華瑟M4用》

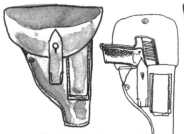

M4是第一次世界大戰的軍官用制式手槍，二次大戰時期則由占領區的警官使用。

《紹爾H38用》

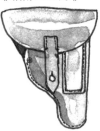

H38為陸軍與空軍軍官使用。

《毛瑟HSc用》

HSc為部分高級軍官與空軍軍官使用。

《FEG 37M用》

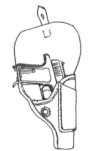

空軍的空勤機組員會使用匈牙利製的37M，槍套為帆布材質。

《華瑟PP用》

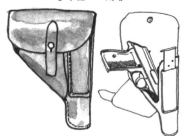

PP在戰前為警察及突擊隊、親衛隊軍官使用。到了戰時，國防軍的軍官也會使用。

《華瑟PPK用》

PPK為軍官及空勤機組員使用。

《華瑟PPK納粹黨員用》

《白朗寧M1922用》

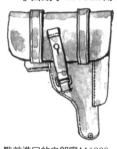

戰前進口的白朗寧M1922德國製槍套。

《白朗寧高威力用》

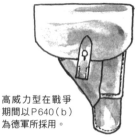

高威力型在戰爭期間以P640（b）為德軍所採用。

《貝瑞塔M1934用》

槍套也是義大利製。

《拉當P35（P）用》

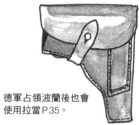

德軍占領波蘭後也會使用拉當P35。

《Vz27用》

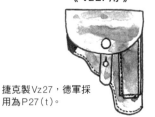

捷克製Vz27，德軍採用為P27（t）。

《斯泰爾M1912用》

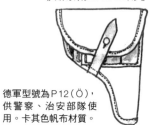

德軍型號為P12（Ö），供警察、治安部隊使用。卡其色帆布材質。

《MAPF Mle17用》

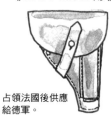

占領法國後供應給德軍。

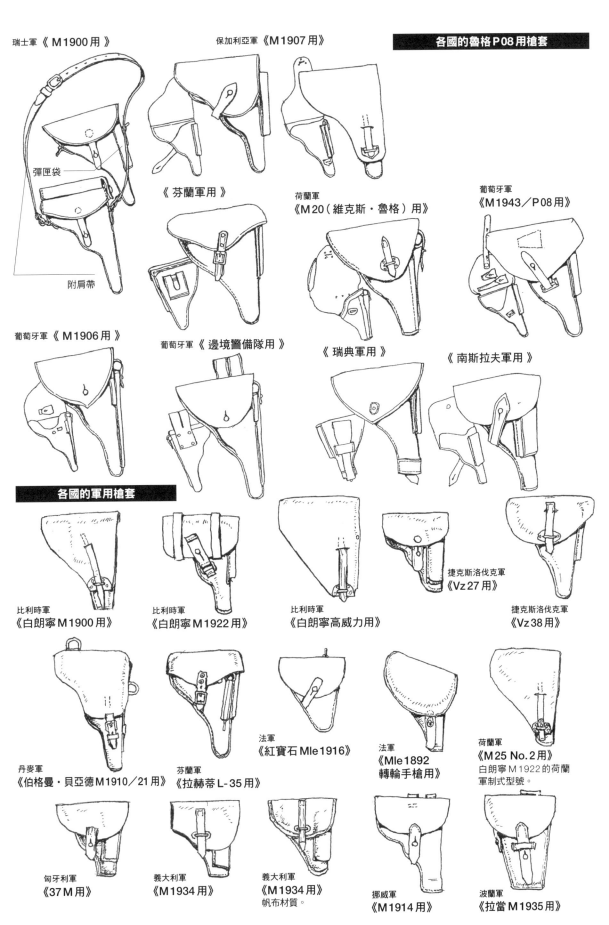

瑞士軍《M1900用》

彈匣袋

附肩帶

保加利亞軍《M1907用》

《芬蘭軍用》

荷蘭軍
《M20（維克斯·魯格）用》

葡萄牙軍
《M1943／P08用》

葡萄牙軍《M1906用》

葡萄牙軍《邊境警備隊用》

《瑞典軍用》

《南斯拉夫軍用》

各國的軍用槍套

比利時軍
《白朗寧M1900用》

比利時軍
《白朗寧M1922用》

比利時軍
《白朗寧高威力用》

捷克斯洛伐克軍
《Vz27用》

捷克斯洛伐克軍
《Vz38用》

丹麥軍
《伯格曼·貝亞德M1910／21用》

芬蘭軍
《拉赫蒂L-35用》

法軍
《紅寶石Mle1916》

法軍
《Mle1892
轉輪手槍用》

荷蘭軍
《M25 No.2用》
白朗寧M1922的荷蘭
軍制式型號。

匈牙利軍
《37M用》

義大利軍
《M1934用》

義大利軍
《M1934用》
帆布材質。

挪威軍
《M1914用》

波蘭軍
《拉當M1935用》

233

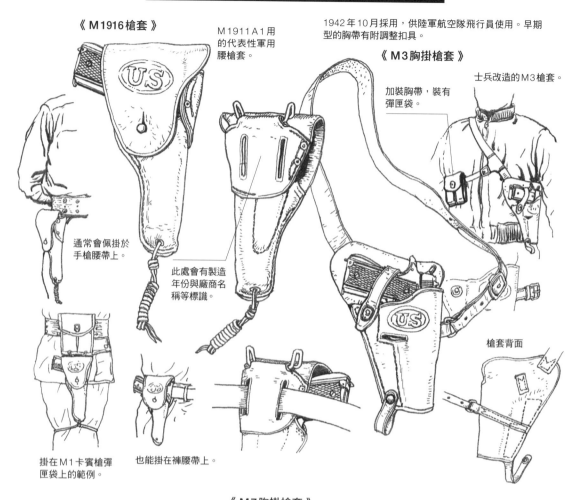

《 M1916槍套 》

M1911A1用的代表性軍用腰槍套。

1942年10月採用，供陸軍航空隊飛行員使用。早期型的胸帶有附調整扣具。

《 M3胸掛槍套 》

士兵改造的M3槍套。

加裝胸帶，裝有彈匣袋。

通常會佩掛於手槍腰帶上。

此處會有製造年份與廠商名稱等標識。

槍套背面

掛在M1卡賓槍彈匣袋上的範例。

也能掛在褲腰帶上。

《 M7胸掛槍套 》

M7胸掛槍套採用於1943年12月9日，是M3胸掛槍套的改良版，加上佩掛時能固定槍套的胸帶。

《 M7E胸掛槍套 》

以經過特殊加工的材質製成。這款槍套僅有試製，並未制式採用。

肩帶掛於左肩，以胸帶勾住固定。

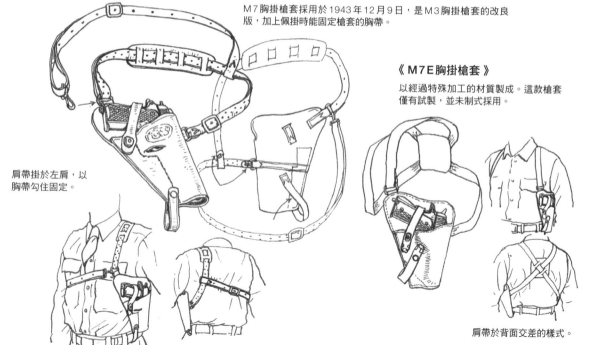

肩帶於背面交差的樣式。

英軍的槍套

《 威百利 Mk. VI
轉輪手槍用 》

《 恩菲爾德 No.2 Mk. I
轉輪手槍用 》

腰帶環

備用彈

通槍條

《 裝甲車輛乘員
用槍套 》

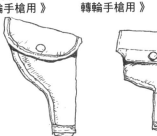

加拿大軍的槍套

《 白朗寧高威力用 No.2 Mk1 槍套 》

《 白朗寧高威力用 No.2 Mk.2
槍套 》

裝有1個備用彈匣。

裝有1個備用彈匣。

蘇軍的槍套

《 納干 M 1895 轉輪
手槍用 》

《 納干 M 1895 轉輪
手槍用 》

《 托卡列夫 TT-33
（1930／33）用 》

《 托卡列夫 TT-33 用 》

備用彈匣袋

通槍條

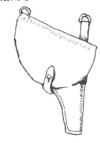

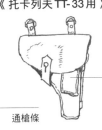

日軍的槍套

《 南部式甲型手槍套 》

《 十四年式手槍套 》

《 二十六年式手槍套 》

《 南部式小型
手槍套 》

《 十四年式手槍套 》

《 九四式手槍套 》

塗膠綿布材質。因皮革不
足，於戰爭後期使用。

《 濱田式手槍套 》

備用彈袋

《 白朗寧 M1910 手槍套 》

《 白朗寧 M1910
手槍套 》

《 九四式手槍套 》

為簡化製程而調整部
分設計，也有帆布材
質版本。

也能讓柯特 M1903 與毛
瑟 M1910／M1914／
M1934 手槍使用。

帆布材質。

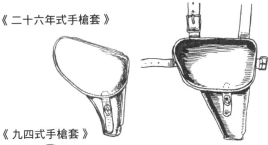

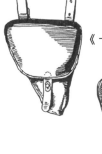

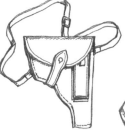

槍背帶

槍背帶是步兵使用的步槍、衝鋒槍、卡賓槍、輕機槍等輕兵器的必備配件。

美軍的槍背帶

《M1907步槍用槍背帶》

自第一次世界大戰之前開始,直到現在仍有部分狙擊槍會使用的步槍用皮製槍背帶。這款槍背帶以2條皮帶構成,構造頗為複雜。之所以會如此設計,是考量到可以利用槍背帶固定手臂進行依托射擊。

束帶
伸縮鉤
束帶
上背帶(長1220mm)
下背帶(長620mm)

《M1步槍用槍背帶》

橄欖綠色的棉質槍背帶。構造比皮背帶單純,用起來也方便。

前端調整扣具。

後端也能以調整環進行調整。

用以裝上槍枝後背帶環的鉤型扣具。

《M1卡賓槍用槍背帶》

前端有按扣,用以固定於槍背帶環。

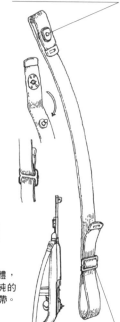

長度調整環

寬度比M1槍背帶窄,約為2.5cm。卡其色或橄欖綠棉質材料。除卡賓槍以外,也會用於M3衝鋒槍。

調整環

槍背帶以鉤在前、環在後的方式裝設。依槍枝型號,裝設位置會有差異。

法軍的槍背帶

《Mle1907／15或 Mle1936步槍用槍背帶》

皮製槍背帶。

英軍的槍背帶

《斯登衝鋒槍用槍背帶》

比照槍枝本體,採用構造單純的卡其棉布槍背帶。

鉤型前端扣具。鉤子為可動式。

《英軍步槍用槍背帶》

棉質槍背帶。基本上為卡其色,海軍使用黑色,儀隊則為白色。

槍背帶兩端裝有C型扣具,構造單純。

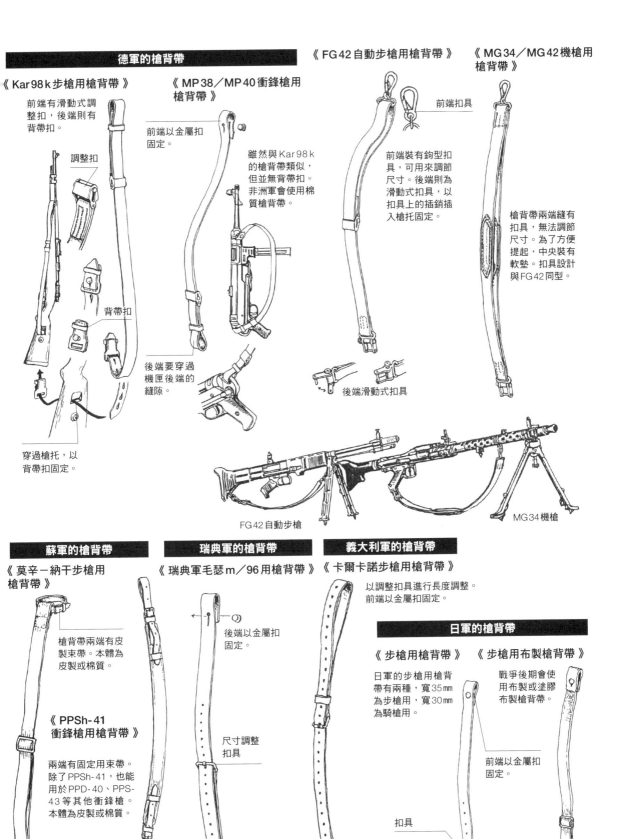

德軍的槍背帶

《 Kar 98 k 步槍用槍背帶 》

前端有滑動式調整扣，後端則有背帶扣。

調整扣

背帶扣

穿過槍托，以背帶扣固定。

《 MP 38／MP 40 衝鋒槍用槍背帶 》

前端以金屬扣固定。

雖然與 Kar 98 k 的槍背帶類似，但並無背帶扣。非洲軍會使用棉質槍背帶。

後端要穿過機匣後端的縫隙。

《 FG 42 自動步槍用槍背帶 》

前端扣具

前端裝有鉤型扣具，可用來調節尺寸。後端則為滑動式扣具，以扣具上的插銷插入槍托固定。

後端滑動式扣具

《 MG 34／MG 42 機槍用槍背帶 》

槍背帶兩端縫有扣具，無法調節尺寸。為了方便提起，中央裝有軟墊。扣具設計與 FG 42 同型。

FG 42 自動步槍

MG 34 機槍

蘇軍的槍背帶

《 莫辛－納干步槍用槍背帶 》

槍背帶兩端有皮製束帶。本體為皮製或棉質。

《 PPSh-41 衝鋒槍用槍背帶 》

兩端有固定用束帶。除了 PPSh-41，也能用於 PPD-40、PPS-43 等其他衝鋒槍。本體為皮製或棉質。

固定用皮革束帶

瑞典軍的槍背帶

《 瑞典軍毛瑟 m／96 用槍背帶 》

後端以金屬扣固定。

尺寸調整扣具

前端有鉤型扣具。

義大利軍的槍背帶

《 卡爾卡諾步槍用槍背帶 》

以調整扣具進行長度調整。前端以金屬扣固定。

日軍的槍背帶

《 步槍用槍背帶 》

日軍的步槍用槍背帶有兩種，寬 35 mm 為步槍用，寬 30 mm 為騎槍用。

扣具

束帶

《 步槍用布製槍背帶 》

戰爭後期會使用布製或塗膠布製槍背帶。

前端以金屬扣固定。

降落傘

最早編組傘兵部隊的是蘇軍，而首次實施空降作戰的則是德軍。空降作戰之所以得以實現，都要仰賴傘兵用人員降落傘。各國從改良空勤人員降落傘開始著手，發展出傘兵部隊用的降落傘。

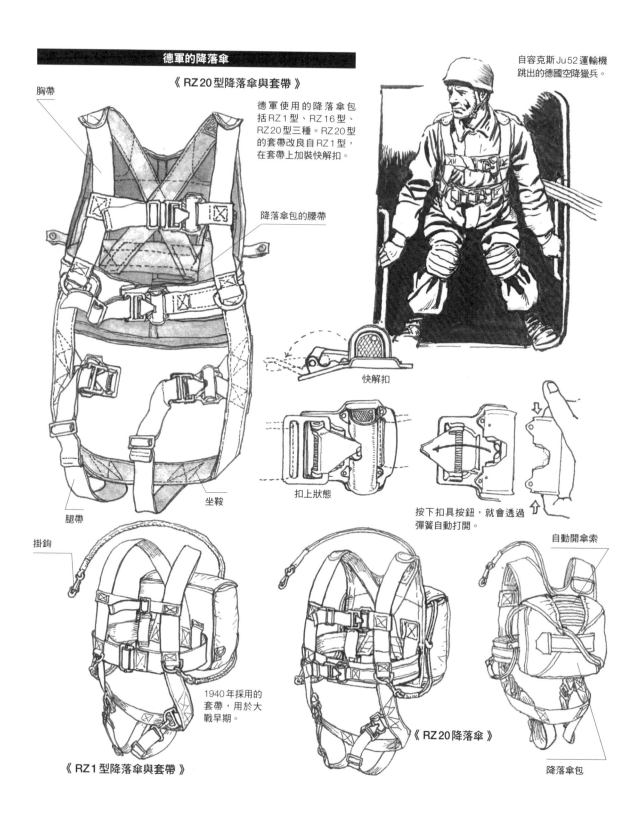

德軍的降落傘

《RZ20型降落傘與套帶》

胸帶

德軍使用的降落傘包括RZ1型、RZ16型、RZ20型三種。RZ20型的套帶改良自RZ1型，在套帶上加裝快解扣。

降落傘包的腰帶

坐鞍

腿帶

快解扣

扣上狀態

按下扣具按鈕，就會透過彈簧自動打開。

掛鉤

1940年採用的套帶，用於大戰早期。

《RZ1型降落傘與套帶》

《RZ20降落傘》

自動開傘索

降落傘包

自容克斯Ju52運輸機跳出的德國空降獵兵。

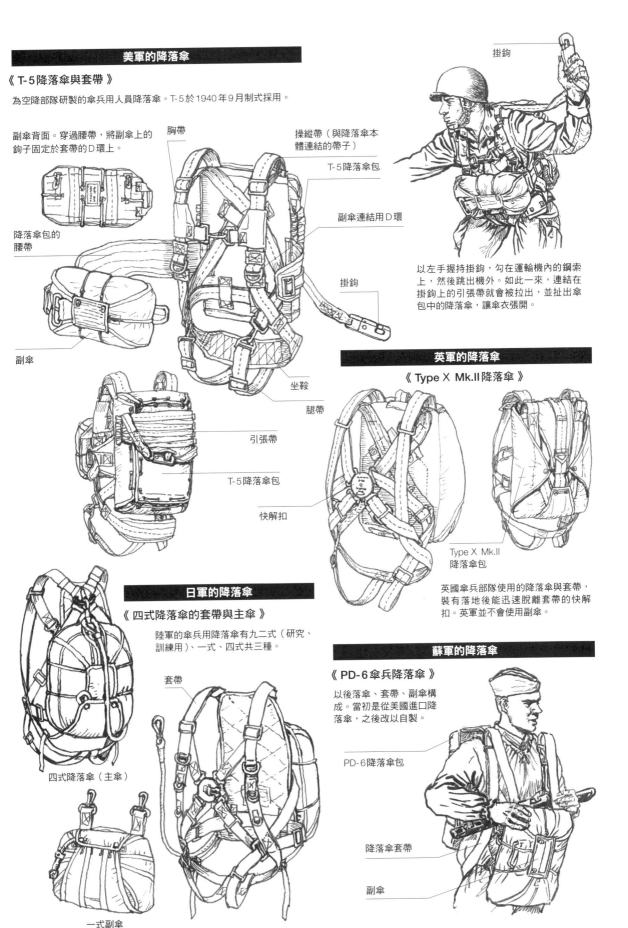

美軍的降落傘

《 T-5 降落傘與套帶 》

為空降部隊研製的傘兵用人員降落傘。T-5於1940年9月制式採用。

副傘背面。穿過腰帶，將副傘上的鉤子固定於套帶的D環上。

胸帶

操縱帶（與降落傘本體連結的帶子）

T-5降落傘包

副傘連結用D環

降落傘包的腰帶

掛鉤

副傘

坐鞍

腿帶

引張帶

T-5降落傘包

快解扣

掛鉤

以左手握持掛鉤，勾在運輸機內的鋼索上，然後跳出機外。如此一來，連結在掛鉤上的引張帶就會被拉出，並扯出傘包中的降落傘，讓傘衣張開。

英軍的降落傘

《 Type X Mk.II 降落傘 》

Type X Mk.II 降落傘包

英國傘兵部隊使用的降落傘與套帶，裝有落地後能迅速脫離套帶的快解扣。英軍並不會使用副傘。

日軍的降落傘

《 四式降落傘的套帶與主傘 》

陸軍的傘兵用降落傘有九二式（研究、訓練用）、一式、四式共三種。

套帶

四式降落傘（主傘）

一式副傘

蘇軍的降落傘

《 PD-6傘兵降落傘 》

以後落傘、套帶、副傘構成。當初是從美國進口降落傘，之後改以自製。

PD-6降落傘包

降落傘套帶

副傘

【圖解】第二次世界大戰
各國軍裝

出　　　　版	／楓書坊文化出版社
地　　　　址	／新北市板橋區信義路163巷3號10樓
郵 政 劃 撥	／19907596　楓書坊文化出版社
網　　　　址	／www.maplebook.com.tw
電　　　　話	／02-2957-6096
傳　　　　真	／02-2957-6435
作　　　　者	／上田信
翻　　　　譯	／張詠翔
責 任 編 輯	／王綺
內 文 排 版	／楊亞容
港 澳 經 銷	／泛華發行代理有限公司
定　　　　價	／480元
初 版 日 期	／2023年6月

國家圖書館出版品預行編目資料

圖解第二次世界大戰各國軍裝 ／ 上田信作
；張詠翔譯. -- 初版. -- 新北市：楓書坊文
化出版社, 2023.06　面；公分
ISBN 978-986-377-855-4（平裝）

1. 軍服　2. 第二次世界大戰

594.72　　　　　　　　　　112004783

Shin.ueda